U0179127

"粤菜师傅"工程系列
——烹饪专业精品教材编委会

编写委员会

主　任：吴浩宏
副主任：王　勇
委　员：陈一萍　王朝晖

编写组

主　审：吴浩宏
主　编：马健雄
副主编：李永军　陈平辉　吴子彪　杨继杰　谭子华
　　　　康有荣　巫炬华　张　霞　梁玉婷　彭文雄
编　委：马健雄　巫炬华　杨继杰　李永军　吴子彪
　　　　冯智辉　张　霞　陈平辉　郭玉华　康有荣
　　　　谭子华　梁玉婷　彭文雄　刘远东　朱洪朗

编写顾问组

黄振华（粤菜泰斗，中国烹饪大师，中式烹调高级技师，中国烹饪协会名厨委员
　　　　会副主任）
黎永泰（中国烹饪大师，中式烹调高级技师，广东省餐饮技师协会副会长）
林壤明（中国烹饪大师，中式烹调高级技师，广东烹饪协会技术顾问）
梁灿然（中国烹饪大师，中式烹调高级技师，广州地区餐饮行业协会技术顾问）
罗桂文（中国烹饪大师，中式烹调高级技师，广州烹饪协会技术顾问）
谭炳强（中国烹饪大师，中式烹调高级技师）
徐丽卿（中国烹饪大师，中式面点高级技师，中国烹饪协会名厨委员会委员，广
　　　　东烹饪协会技术顾问，广州地区餐饮行业协会技术顾问）
麦世威（中国烹饪大师，中式面点高级技师）
区成忠（中国烹饪大师，中式面点高级技师）

康有荣　郭玉华　梁玉婷　彭文雄　编著

"粤菜师傅"工程系列
烹饪专业精品教材

粤式点心制作

暨南大学出版社
JINAN UNIVERSITY PRESS

中国·广州

图书在版编目（CIP）数据

粤式点心制作/康有荣，郭玉华，梁玉婷，彭文雄编著．—广州：暨南大学出版社，2020.5（2022.7 重印）
"粤菜师傅"工程系列．烹饪专业精品教材
ISBN 978-7-5668-2877-4

Ⅰ．①粤…　Ⅱ．①康…②郭…③梁…④彭…　Ⅲ．①糕点—制作—广东—教材　Ⅳ．①TS213.23

中国版本图书馆 CIP 数据核字（2020）第 041422 号

粤式点心制作

YUESHI DIANXIN ZHIZUO

编著者：康有荣　郭玉华　梁玉婷　彭文雄

出 版 人：张晋升
责任编辑：黄文科　曾小利
责任校对：黄　球　陈皓琳
责任印制：周一丹　郑玉婷

出版发行：暨南大学出版社（511443）
电　　话：总编室（8620）37332601
　　　　　营销部（8620）37332680　37332681　37332682　37332683
传　　真：（8620）37332660（办公室）　37332684（营销部）
网　　址：http://www.jnupress.com
排　　版：广州尚文数码科技有限公司
印　　刷：深圳市新联美术印刷有限公司
开　　本：787mm×1092mm　1/16
印　　张：11.25
字　　数：236 千
版　　次：2020 年 5 月第 1 版
印　　次：2022 年 7 月第 3 次
定　　价：55.00 元

（暨大版图书如有印装质量问题，请与出版社总编室联系调换）

总　序

　　粤菜，历史悠久，源远流长。在两千多年的漫长岁月中，粤菜既继承了中原饮食文化的优秀传统，又吸收了外来饮食流派的烹饪精华，兼收并蓄，博采众长，逐渐形成了烹制考究、菜式繁复、质鲜味美的特色，成为国内最具代表性和最具世界影响力的饮食文化之一。

　　2018年，在粤菜之乡广东，广东省委书记李希亲自倡导和推动"粤菜师傅"工程，有着悠久历史的粤菜，又焕发出崭新的活力。"粤菜师傅"工程是广东省实施乡村振兴战略的一项重要工作，是促进农民脱贫致富、打赢脱贫攻坚战的重要手段。全省到2022年预计开展"粤菜师傅"培训5万人次以上，直接带动30万人实现就业创业，"粤菜师傅"将成为弘扬岭南饮食文化的国际名片。

　　广州市旅游商务职业学校被誉为"粤菜厨师黄埔军校"，一直致力于培养更多更优的烹饪人才，在"粤菜师傅"工程推进中也不遗余力、主动担当作为。学校主要以广东省粤菜师傅大师工作室为平台，站在战略的高度，传承粤菜文化，打造粤菜师傅文化品牌，擦亮"食在广州"的金字招牌。

　　为更好开展教学和培训，学校精心组织了一批资历深厚、经验丰富、教学卓有业绩的专业教师参与"粤菜师傅"工程系列——烹饪专业精品教材的编写工作。在编写过程中，还特聘了一批广东餐饮行业中资深的烹饪大师和相关院校的专家、教授参与相关课程标准、教材和影视、网络资源库的编写、制作和审定工作。

　　本系列教材的编写着眼于"粤菜师傅"工程的人才培训，努力打造成为广东现代烹饪职业教育的特色教材。教材根据培养高素质烹饪技能型人才的要求，与国家职业工种标准中的中级中式烹调师、中级中式面点师职业资格标准接轨，以粤菜厨房生产流程中的技术岗位和工作任务为主线，做到层次分类明确。

　　在教材编写中，编写者尽力做到以立德树人为根本，以促进就业为导向，以技能培养为核心，突出知识实用性与技能性相结合的原则，注重传统烹饪技术与现代餐饮潮流技术的结合。编写者充分考虑到学习者的认知规律，创新教材体例，体现教学与实践一体化，在教学理念、教学手段、教学组织和配套资源方面有所突破，以适应创新性教学模式的需要。

本系列教材在版面设计上力求生动、实用、图文并茂，并在纸质教材的基础上，组织教师亲自演示、录制视频。在书中采用 ISLI 标准 MPR 技术，将制作步骤、技法通过链接视频清晰展示，极为直观，为学习者延伸学习提供方便的条件，拓展学习视野，丰富专业知识，提高操作技能。

本系列教材第一批包括 5 册，分别是《粤菜原料加工技术》《粤菜烹调技术》《粤菜制作》《粤式点心基础》《粤式点心制作》。该系列教材在编写过程中得到了餐饮业相关企业的大力支持和很多在职厨师精英的关注与帮助，是校企合作的结晶，在此特致以谢意。由于编者水平所限，书中难免有不足之处，敬望大家批评指正。

"粤菜师傅"工程系列——烹饪专业精品教材编写组

2020 年 2 月

前　言

门庭若市的广东早茶市，印证了"食在广州"的名不虚传；点心"四大天王"的销量经久不衰、屡创新高，更是让人不得不对粤式点心刮目相看。

"王者以民为天，民以食为天。能知天之天者，斯可矣。"管仲的名言，奠定了饮食在中国的社会地位。历史在不断发展，地理环境的不同，各民族、各地区饮食习惯的不同，形成了各具特色的地方风味点心体系，并逐渐形成了"粤式点心""京式点心""苏式点心"的三足鼎立之势。

粤式点心起源于广州，以当地的民间食品为主，集结了各地点心的精华，经过"北点南下""西点入关"，传统点心去伪存真，名牌小食登大雅之堂，"百师竞艺、百花齐放"的改革创新，逐渐形成了独树一帜、闪耀光彩的岭南风格。

广东人热衷饮食，"食在广州"享誉全球。而国家改革开放的政策和经济的高速发展，以及中西饮食文化的交流，更是使得广东点心体系的发展日新月异，放出耀眼光辉。

本书以行业实用品种为编写依据，针对中职学生的年龄和接受能力，在历年教学和生产实践经验的基础上编写而成。本书特色如下：

（1）采用理论和实践相结合的模式，选择了具有代表性的品种进行教授。

（2）全书分为"特色茶市点心""饼屋中西点心""传统节日点心""时尚筵席点心"四大模块。继承与创新相结合，注重将新原料、新工艺、新技术、新品种等融入教材，使教材具有鲜明的时代特征。实用性和前瞻性突出，是教学与生产紧密结合的教科书。

（3）每个模块和教学品种均设有"想一想"内容，这种设计有利于学生有针对性地开展学习和进行思考。

　　本书主要由康有荣、郭玉华、梁玉婷和彭文雄负责编写（其中梁玉婷负责编写项目1～项目34、项目40～项目47，彭文雄负责编写项目35～项目39，郭玉华负责编写项目48～项目62，康有荣负责编写项目63～项目80）和视频拍摄，陈伟明、蔡树容老师和广州酒家点心主管李志成协助拍摄，并得到了行业泰斗何世晃大师和广东省职业技能鉴定指导中心中式面点专家组组长徐丽卿大师的精心指导，何世晃大师更是无偿提供了大量面点图片，在此我们一并表示诚挚的谢意。书中的不足之处敬请同行和读者予以指正。

作　者
2019 年 12 月

目 录

模块二　饼屋中西点心

模块三　传统节日点心

模块四　时尚筵席点心

参考文献　168

模块一

特色茶市点心

项目 1
叉烧包

面点小知识

　　叉烧包是传统的经典粤式早茶点心，以面皮松软起发、叉烧馅味香浓、大咸大甜、汁多而深受食客喜爱。

前置作业

早茶中最好吃的叉烧包出自哪里？

加温方法

蒸。

风味特点

　　包皮内外色泽洁白，光滑、绵软，富有弹性，爆口自然，气孔细密均匀，甜味正常，无苦涩味和异味，馅味大咸大甜，馅心正中，包圆不泻脚，重量符合规格要求。

原料

1. 面皮：面种 500 克、白糖 150 克、臭粉 2 克、泡打粉 7.5 克、纯碱 3 克、低筋面粉约 150 克、清水约 20 克。

2. 叉烧包馅：叉烧片 300 克、黑面捞芡 300 克。

工艺流程

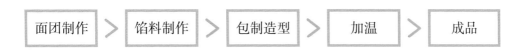

面团制作 > 馅料制作 > 包制造型 > 加温 > 成品

制作工艺

1. 面粉与泡打粉一起过筛备用。

2. 面种与臭粉混合搓匀，使面种松浮胀大。

3. 放入白糖和适量的清水，继续搓，搓至白糖全部溶解时，加入用纯碱和水调成的纯碱水，拌匀搓透，再将面粉、泡打粉加入面种内拌成面团。

4. 将面团静置 15~20 分钟后再复叠一下，使它纯滑成为发面皮。

5. 用已制好的发面皮出体，每个约 30 克。

6. 出体之后，将每个皮压扁，呈圆扁形，包入叉烧馅，包馅 20 克。

7. 将包皮入馅后捏成雀笼形状，用猛火蒸熟便可。

小贴士

1. 面种的酸度要适中。

2. 投料次序要分清先后。

3. 面团的软硬度和碱度要适合。

4. 包皮要厚薄均匀，才不致露馅，做满一笼马上加温，停放过久包皮会变形而露馅，熟后不爆口，并因继续发酵而变酸。

5. 蒸时要保持旺火。

想一想

1. 在制作过程中怎样才能使叉烧包达到成品要求？

2. 蚝油叉烧包的包皮与馅的软硬程度是怎样的？

3. 蚝油叉烧包的包皮面团性质如何？

项目 2
生肉包

面点小知识

生肉包是与叉烧包齐名的传统经典粤式早茶点心，包皮松软可口，花纹清晰、细致、美观，馅肉爽而嫩滑，馅多有汁而味美。

前置作业

生肉包的馅有什么配料?

加温方法

蒸。

风味特点

包皮洁白，绵软有弹性，折纹均匀、清晰、细致，不爆口，馅心嫩滑湿润，味鲜香有汁。

原料

1. 面皮：低筋面粉 500 克、白糖 100 克、盐 5 克、泡打粉 10 克、活性干酵母 5 克、鲜牛奶（或清水）250 克。

2. 生肉包馅：上肉 450 克、湿冬菇 25 克、葱白 25 克、猪油 50 克、盐 6 克、生抽 25 克、白糖 30 克、味粉 10 克、鸡粉 10 克、生粉 15 克、麻油 40 克、胡椒粉 1.5 克。

工艺流程

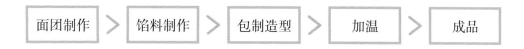

面团制作 ＞ 馅料制作 ＞ 包制造型 ＞ 加温 ＞ 成品

制作工艺

1. 面粉开窝，加入配料和匀，搓至糖全溶后，拌成软硬适中的面团。
2. 面团在压面机上顺一方向压至纯滑。
3. 用已制作好的面皮出体，每个约 30 克。
4. 包体用擀面杖开薄成边薄中间稍厚、直径约 6 厘米的圆件形。
5. 包入生肉包馅 20 克，制成雀笼形（或鼠尾形）的生包坯。
6. 包坯入发酵柜，在相对温度 35℃、相对湿度 85% 的环境下醒发 40 分钟。
7. 包坯醒发至松软、稍膨胀后，用旺火蒸 8 分钟至熟。

小贴士

1. 包皮软硬要适中。
2. 醒发温度、湿度要恰当，醒发适度即要进行加温，否则包坯会下塌，成品会收身起泡。
3. 包馅正中。

想一想

生肉包为什么会爆口或收身？

项目 3
莲蓉包

面点小知识

莲蓉包是传统经典的粤式早茶点心，皮绵滑松软，馅有莲蓉清香。

前置作业

莲蓉有什么款式和口味?

加温方法

蒸。

风味特点

包皮色泽洁白、光滑、绵软、富有弹性，气孔细密、均匀，味香甜，有莲子清香，馅心正中，包身圆整，重量符合规格要求。

原料

1. 面皮：低筋面粉 500 克、白糖 100 克、盐 5 克、泡打粉 10 克、活性干酵母 5 克、鲜牛奶（或清水）250 克。
2. 莲蓉包馅：莲蓉 500 克。

工艺流程

面团制作 > 包制造型 > 发酵 > 加温 > 成品

制作工艺

1. 面粉开窝，加入配料和匀，搓至糖全溶后拌成软硬适中的面团。
2. 面团在压面机上顺一方向压至纯滑。
3. 用已制作好的面皮出体，每个约 30 克。
4. 包体用擀面杖开薄成边薄中间稍厚、直径约 4 厘米的圆件形。
5. 包入莲蓉馅 20 克，制成圆球形的生包坯。
6. 包坯入发酵柜，在相对温度 35℃、相对湿度 85% 的环境下醒发 40 分钟。
7. 包坯醒发至松软、稍膨胀后，用旺火蒸 8 分钟至熟。

小贴士

1. 包皮软硬要适中。
2. 醒发温度、湿度要恰当，醒发适度即要进行加温，否则包坯会下塌，成品会收身起泡。
3. 包馅正中，不打影，不露馅。

想一想

1. 莲蓉包的包皮在制作上与叉烧包的包皮制作有什么不同？
2. 如何使莲蓉包达到成品要求？
3. 在使用莲蓉时要注意什么问题？

项目 4
小笼包

面点小知识

小笼包首创于上海南翔地区，20 世纪 80 年代传入广东酒楼食肆，逐渐成为粤式早茶常见点心。由于蟹粉不能普及使用且价格昂贵，故在馅中加入适量蔬菜，以迎合广东人的口味。

前置作业

小笼包还可以加哪些原料以丰富其口味？

加温方法

蒸。

风味特点

包皮薄而有韧性，爽口，馅味咸鲜，汁多，花纹清晰自然。

原料

1. 面皮：中筋面粉 500 克、净鸡蛋 100 克、清水 100 克、开水 90 克、枧水（也作碱水）3 克、盐 10 克。

2. 小笼包馅：上肉 400 克、虾肉（或鱼肉）100 克、去皮马蹄 50 克、胡萝卜 50 克、湿冬菇 70 克、生葱 20 克、精盐 6 克、生抽 10 克、味粉 5 克、麻油 20 克、胡椒粉 2 克、生油 20 克、生粉 25 克。

工艺流程

| 面团制作 | > | 馅料制作 | > | 包制造型 | > | 加温 | > | 成品 |

制作工艺

1. 取出约 50 克面粉用碗盛上，加入开水成熟面，晾凉待用。

2. 面粉开窝，加入鸡蛋、清水、盐、枧水、凉熟面在面窝中搓匀至纯滑，静置 10 分钟。

3. 用刀将面粉切成条，搓圆，切小粒约 6 克，开薄为小圆块。

4. 包入约 15 克馅，制成雀笼形。

5. 用中上火蒸 8 分钟至熟。

小贴士

1. 皮厚度要均匀，皮薄馅多。

2. 花纹清晰，收口密。

3. 熟度适中，不蒸过火。

想一想

1. 为什么小笼包会皮烂、汁液少？

2. 什么时候进食小笼包最佳？凉了的小笼包可以返蒸吗？

项目 5
寿桃包

面点小知识

寿桃包是粤式筵席中为老人祝寿的面点品种。

前置作业

吃寿宴时请留意席上的寿桃包。

加温方法

蒸。

风味特点

皮色洁白鲜明，有光泽，质地绵软，馅心正中，形似桃果。

原料

1. 面皮：中筋面粉 500 克、酵母 5 克、发粉 5 克、清水 250 克、白糖 100 克。
2. 寿桃包馅：莲蓉 400 克。

工艺流程

| 面团制作 | > | 包制造型 | > | 加温 | > | 压出桃纹 | > | 上色、返蒸 | > | 成品 |

制作工艺

1. 将面粉、发粉过筛，开窝加入酵母、白糖，倒入清水拌匀成团。
2. 将皮、馅各分为 20 份，用皮包馅，捏成桃包坯。
3. 将桃包坯底粘上包底纸放在铁眼板上，用猛火蒸 8 分钟。
4. 出炉后趁热在桃包中间压上凹坑，并在桃嘴处喷上食用红色色素。

小贴士

1. 桃包坯的造型要均匀，桃尖的角度应约 45 度。
2. 要从桃尖向桃身弹色，让色泽分布自然。
3. 弹色后要返蒸。

想一想

1. 寿桃包的造型要注意什么?
2. 什么时候压桃纹是最适合的?

项目 6
猪油包

面点小知识

猪油包成品呈蟹盖状，非常独特，因制作技术要求较高，已日渐少见。

前置作业

找一些猪油包的图片。

加温方法

蒸。

风味特点

包皮洁白有光泽，绵软香滑，冰肉馅香甜、肥而不腻，馅心正中，形成蟹盖状。

原料

1. 面皮：低筋面粉 400 克、澄面 100 克、白糖 200 克、猪油 60 克、鲜奶

225 克、白醋 20 克、泡打粉 20 克、蛋白 25 克。

2. 猪油包馅：肥肉头 500 克、白糖 500 克、炸榄仁 125 克。

工艺流程

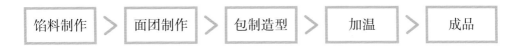

馅料制作 > 面团制作 > 包制造型 > 加温 > 成品

制作工艺

1. 馅制作：

（1）将肥肉头洗净，抹干水分，切成每件约 200 克的块状。

（2）将白糖与肥肉分层叠放（一层肥肉、一层白糖），腌三四天后便成冰肉。

（3）把腌好的冰肉切成细粒，加入炒过的榄仁制成冰肉馅。

2. 皮制作：将面粉、澄面、泡打粉和匀筛过，在案板上开窝，加入白糖、猪油、鲜奶搓至糖溶化，加入蛋白，最后加入白醋，搅拌成纯滑面团，静置 10 分钟，成猪油包皮。

3. 包制：

（1）把包纸均匀散放在笼内，一般每笼约 20 个，蒸柜预先加温至旺火状态。

（2）皮分件约 25 克，馅 10 克。

（3）宜两人同时操作，皮分体后，迅速包上馅成团状，放在包纸上，动作要连贯、快捷。

4. 加温：最旺火加温 8 分钟。

小贴士

1. 水分要合适。

2. 白醋的分量要合适。

3. 火要猛。

想一想

猪油包为什么呈蟹盖状？

项目 7
虾饺

面点小知识

虾饺在广东点心的历史上可以说是源远流长。早在 19 世纪 20 年代，虾饺就由广州五凤村的村民创制出来了。由于五凤村河涌交错，有大量的鱼虾，当地人把新鲜的河虾剥皮后，用面粉将其包成小团，成为一种很有特色的食品。后来，该点心逐渐被引入酒楼，经过老一辈师傅的不断改良，成为今天最能代表广东点心特色的名品之一。

前置作业

说说您所知道的虾饺的形状。

加温方法

蒸。

风味特点

形似弯梳，呈半透明，馅心色泽嫣红，味鲜美而爽口，馅汁丰富。

原料

1. 面皮：澄面 450 克、生粉 50 克、猪油 15 克、精盐 5 克、清水 700 克。
2. 虾饺馅：生虾肉 400 克、熟虾肉 100 克、肥肉 125 克、笋丝 125 克、猪油 75 克、味粉 10 克、麻油 5 克、胡椒粉 1.5 克、白糖 15 克、精盐 7.5 克、生粉 5 克。

工艺流程

面团制作　>　馅料制作　>　包制造型　>　加温　>　成品

制作工艺

1. 澄面和生粉和匀过箩斗。
2. 和盐一起放入盆内，然后将煮沸的清水立即倒入盆内，搅拌均匀。
3. 加盖焗 5 分钟成熟澄面。
4. 取出放在案板上搓匀，然后加入猪油搓匀，便制成澄面皮。
5. 将澄面皮搓成长条形，切粒，每个分量 15 克。
6. 用拍皮刀沾上油压薄成圆件形，包入 25 克虾饺馅。
7. 捏成弯梳形，上蒸笼用猛火蒸 6 分钟至熟即可。

小贴士

1. 虾饺馅要冷藏，使其凝结，以便于操作。
2. 包馅时，皮不要沾上馅汁，以防裂口和影响成品外观。
3. 蒸时使用猛火，仅熟即可，过火则会导致成品开裂。

想一想

1. 虾饺皮的厚薄与造型有什么关系？
2. 如何掌握蒸的火候？慢火对成品有什么影响？

项目 8
干蒸烧卖

面点小知识

干蒸烧卖是源于北方的地道面食，传至广东后经历代点心师研制改良成南粤名点。

前置作业

干蒸烧卖最吸引人的特色是什么？

加温方法

蒸。

风味特点

色泽鲜明，形状平正，味道鲜美，爽中带湿润，不离皮，不黏牙。

原料

1. 面皮：中筋面粉 500 克、净鸡蛋 150 克、清水 100 克、枧水 5 克。

2. 干蒸烧卖馅：瘦肉 350 克、肥肉 150 克、生虾肉 250 克、湿冬菇 35 克、麻油 5 克、味粉 15 克、精盐 10 克、胡椒粉 1.5 克、猪油 35 克、白糖 20 克、生抽 10 克。

工艺流程

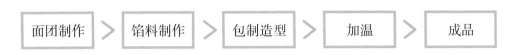

面团制作 > 馅料制作 > 包制造型 > 加温 > 成品

制作工艺

1. 和面：面粉过箩斗，开窝，把枧水和蛋、清水放入面窝与面粉一起拌匀，搓至纯滑有筋，静置 20 分钟使面团松弛（静置时要用湿布覆盖以防风干）。

2. 打面：用面棍把面团开薄成约 1 厘米厚，撒上粉末，然后用面棍将面块卷起，把面棍抽出，在卷好的面块上均匀地用力压薄，接着将卷起的面块推开，撒上粉末，再用面棍卷起，重复上述动作，经过反复的卷和压薄，使面皮的厚度不超过一张报纸的厚度即可。在压薄过程中可用面棍配合把面皮推均匀。

3. 切件：把打好的面皮整齐地堆叠好，按需要的分量切成适合的面皮，一般规格为边长 7 厘米。后用干净的容器放好备用。

4. 上馅：即包馅，每件皮包入约 12.5 克干蒸馅，造型成樽枳形（即底面平正，中间部位收腰）。

5. 加温：把包好的干蒸烧卖 4 个一组放在已扫油的小蒸笼里，用旺火蒸 8 分钟至熟即可。

小贴士

1. 面皮要求稍硬、筋度足，过软则易粘连；粉焙过多、面皮无筋则易烂。

2. 开皮时用力要均匀，皮的厚度要适中、一致，防止风干、破裂、粉焙多、剩余面皮多。一般 500 克的面皮剩余面皮不超过 50 克。

3. 包制造型要均匀平正，大小一致。

4. 蒸时火要旺，否则口感不爽，皮烂。

想一想

1. 面团制作的要求如何？面团过软或过硬各有什么影响？

2. 干蒸烧卖成品不爽口或没有光泽的原因各是什么？

项目 9
排骨烧卖

面点小知识

排骨烧卖是粤式早茶中最受欢迎的美点之一，它随着季节不同而变换配料，做工精细，搭配多样。

前置作业

说说排骨烧卖的风味变化。

加温方法

蒸。

风味特点

件头大小均匀，呈浅茶色，有光泽，熟后有汁，味道鲜香。

原料

排骨 500 克、蒜蓉 6 克、老抽 5 克、生抽 15 克、白糖 14 克、精盐 6 克、豆豉 5 克、磨豉 5 克、味粉 3 克、生粉 25 克、生油 20 克、胡椒粉 1.5 克、清水 100 克、麻油 2.5 克。

工艺流程

排骨斩件　>　调味　>　入味　>　加温　>　成品

制作工艺

1. 豆豉洗过后晾干，剁烂，与蒜蓉、磨豉一起用油炒香，便成香酱。
2. 排骨斩件成方块，每件约 10 克。
3. 将精盐、老抽、生油、麻油、白糖、味粉、胡椒粉、清水、香酱拌匀，再加入斩好的排骨和匀。
4. 下生粉拌匀，最后加入生抽（尾油）拌至均匀。
5. 入冷柜冷冻约 3 小时。
6. 放入碟中，每碟约 100 克，用中上火蒸 8 分钟至熟即可。

小贴士

1. 调味料要先用水开成酱，再加入排骨调味，让排骨与味料渗透均匀。
2. 生粉的分量过多则成品无汁，过少则成品不滑。
3. 蒸要用中上火，蒸熟即可。蒸过火则成品易泻油。

想一想

1. 如何鉴别排骨烧卖的熟度？
2. 排骨烧卖汁液不清的原因是什么？

项目 10
凤爪烧卖

面点小知识

凤爪烧卖是粤式早茶粗料精制作的代表作之一。

前置作业

烧卖的品种有哪些?

加温方法

炸—炖—蒸。

风味特点

大金黄色，油润光亮，皮肉与骨易分离，口感软滑中带微爽，味浓郁。

原料

凤爪 500 克、紫金酱 10 克、生抽 15 克、精盐 5 克、白糖 15 克、麦芽糖 25

克、白醋 10 克、生粉 20 克、味粉 5 克、清水约 25 克、葱油 15 克。姜片、花椒、八角、桂皮、草果、陈皮适量。

工艺流程

制作工艺

1. 凤爪剪甲，洗净。

2. 烧水，500 克开水中加入 25 克麦芽糖、10 克白醋，水滚后放入凤爪，以水能浸过凤爪为标准，凤爪煮至刚熟，收火，浸约 5 分钟，捞起滤干水分。

3. 用旺火烧油至猛油温（约 250℃），放入煮好的凤爪，炸至大金黄色，用清水漂凉待用。

4. 炸好的凤爪加入姜片、花椒、八角、桂皮、草果、陈皮等香料，加清水浸过凤爪，炖约 40 分钟，至凤爪能骨肉分离。

5. 炖好的凤爪去料头，用冷水漂凉，滤干水分，斩件，一般每个开两件。

6. 将凤爪用干生粉捞匀，调味酱和调味料预先调和成混合酱，再加至捞好生粉的凤爪和匀，最后加入葱油作包尾油，上碟用大火蒸 10 分钟。

小贴士

1. 煮凤爪时，醋和麦芽糖的量要掌握好，否则凤爪会被炸成黑色。
2. 炸凤爪油量不宜过多，否则危险。
3. 炖凤爪的时间要控制好。
4. 蒸好的凤爪要入味，表里的味道要一致，色泽要光亮。

想一想

1. 凤爪烧卖成品骨肉不够分离的原因何在？
2. 凤爪烧卖成品不够味的原因何在？

项目 11
牛肉烧卖

面点小知识

牛肉烧卖是广东名点"四大天王"之一，由于配料多，调配得法，风味独特，深受广大食客喜爱。

前置作业

牛肉烧卖的制作原料有哪些?

加温方法

蒸。

风味特点

口感爽滑而有汁，口味层次分明、鲜美多样，色泽鲜明，形格圆整，熟后外表呈石榴皮状。

原料

新鲜牛肉 500 克、肥肉 100 克、净芫荽 75 克、去皮马蹄 100 克、柠檬叶 5 克、湿陈皮 5 克、马蹄粉 75 克、清水 250 克、精盐 10 克、白糖 25 克、味粉 5 克、胡椒粉 3 克、生抽 15 克、枧水 5 克、食粉 1.5 克、姜汁酒 10 克、生油 100 克。

工艺流程

制作工艺

1. 将牛肉切成约50克的方块状，洗净滤干水分。冷藏1小时后用绞肉机绞碎。

2. 牛肉加入食粉、枧水和盐搅拌至起胶，入冷库冷藏至第二天。

3. 将肥肉、马蹄切成幼粒，柠檬叶、陈皮切成细丝，芫荽切粒，备姜汁酒（姜蓉取汁后加同量的酒制成），马蹄粉用 1/3 的水开成粉浆备用。

4. 取出冷藏好的牛肉，继续搅拌，余下的水分最好用冰水或冰粒，边搅拌边加入冰水，水量视牛肉的老嫩而定。牛肉的胶状达到理想状态时，加入马蹄粉浆及其他配料和匀，最后加入包尾油。

5. 入冷库冷藏至第二天。

6. 每碟 3 个，每个约 40 克，用大火蒸 10 分钟，汁清离碟，成熟即可。

小贴士

1. 粉多则成品无汁，不爽口。
2. 水多会泻身。
3. 油多会渗油，松散。
4. 掌握制作过程的拌制次序。

想一想

1. 牛肉烧卖成品汁不清的原因何在？
2. 牛肉烧卖成品不爽滑的原因何在？

项目 12
糯米鸡

面点小知识

糯米鸡是粤式早茶中最受欢迎的品种之一。在香喷喷的糯米饭中加入鸡块，用干荷叶包裹成形，是荷香、饭香、馅香三位一体的绝佳组合。

前置作业

如何使糯米鸡成品荷香、饭香、馅香？

加温方法

蒸。

风味特点

形状似包裹，平整，边角整齐，饭粒洁白，软韧而不烂，馅味鲜香浓郁而汁多，带有荷叶的香味。

原料

1. 糯米饭：糯米 500 克、猪油 75 克、精盐 7.5 克、味粉 2.5 克。
2. 糯米鸡馅：上肉 200 克、叉烧 100 克、笋肉 100 克、湿香菇 25 克、生虾肉 75 克、精盐 7.5 克、生抽 10 克、老抽 10 克、白糖 15 克、味粉 10 克、生粉 25 克、胡椒粉 1 克、麻油 3 克、马蹄粉 30 克、生油 50 克。

3. 肉码：光鸡件、叉烧、干荷叶。

工艺流程

| 蒸饭 | > | 浸荷叶 | > | 制馅 | > | 包制造型 | > | 加温 | > | 成品 |

制作工艺

1. 先将糯米洗净浸约 2 小时后滤干水分。

2. 在蒸笼内铺上蒸布，笼内两边加上隔板（便于蒸汽的流通），然后放入洗净的糯米，用猛火蒸熟成糯米饭（500 克糯米蒸成熟饭 950~1 000 克为宜）。蒸好后将糯米饭晾至稍凉，用猪油、精盐、味粉捞匀备用。

3. 将上肉、叉烧切成粗指甲片大小，香菇切成粗片，笋肉用开水焯过再切成粗指甲片大小，拧干水分，虾肉切粒。

4. 用生油把上肉、虾肉炒熟炒香，溃酒，然后加清水，放入香菇、笋肉及其他配料，煮至稍开，最后用湿马蹄粉浆打芡，放包尾油，炒匀即成。

5. 光鸡斩件，每件约 25 克。500 克鸡件加入精盐 7.5 克、生抽 10 克、味粉 2 克、麻油 1.5 克、白糖 10 克、生粉 25 克，拌匀，放入盘中，用猛火蒸熟。

6. 叉烧切件，每件约 25 克，500 克叉烧加入 200 克面捞芡，拌匀。

7. 洗荷叶，先将干荷叶用热水浸泡约 20 分钟，至身软后，洗净晾干水分，撕或剪成包裹一只糯米鸡所需的大小（一般一块荷叶可分成 2~3 片）。

8. 将荷叶铺在案板上，扫上生油，把捞好的糯米饭（约 200 克）分成两份，一份压扁垫底，放上熟馅、一件熟鸡件、一件叉烧，再把另一份饭盖在上面，然后用荷叶包成扁平起角的四方形。

9. 包好的糯米鸡呈鱼鳞状排放在蒸笼上，每笼放 30 个为宜，一次三笼，猛火蒸 20 分钟即可。

小贴士

1. 糯米饭的熟度要掌握好，够熟，软韧而不烂。

2. 熟馅芡要有汁而不泻。

想一想

1. 蒸糯米饭的关键是什么？
2. 包制糯米鸡时荷叶要分底面吗？
3. 包制糯米鸡时要注意什么？
4. 糯米鸡的加温有什么要求？

项目 13
荷叶饭

面点小知识

荷叶饭是夏季粤式美点。以鲜嫩的荷叶包裹配料丰富的米饭，细细品尝时，仿佛置身于荷塘中，感受夏日荷花的阵阵幽香。

前置作业

荷叶饭最吸引人的特色是什么?

加温方法

蒸。

风味特点

米饭色白鲜明，配料色彩丰富，口味香美，荷香清新怡人。

原料

1. 饭：油粘大米 500 克，清水 500 克，鸡油 15 克，（蒸饭用）味粉、精盐、胡椒粉适量。

2．荷叶饭馅：瘦肉 200 克、虾肉 100 克、叉烧 100 克、火鸭肉 100 克、鲜菇 50 克、煎蛋片 100 克、精盐 6 克、绍酒 5 克、味粉 5 克、蚝油 15 克、麻油 3 克、白糖 7.5 克、上汤 150 克、马蹄粉 40 克、包尾油 50 克。

工艺流程

| 蒸饭 | > | 炒馅 | > | 洗荷叶 | > | 包制造型 | > | 加温 | > | 成品 |

制作工艺

1．蒸饭：将大米洗净，加入清水、鸡油和味料拌匀，用大火蒸熟。饭熟后即打松散并晾凉备用。

2．制馅：

（1）鸡蛋打匀，煎成薄片，切成大片。

（2）肉料切成中粒，鲜菇飞水后切成大片。

（3）起锅，加入鲜肉料、鲜菇片爆炒，加酒，调味，勾芡，最后加入叉烧粒和火鸭粒拌匀成荷叶饭馅。

3．成形：

（1）把饭和馅和匀，最后加入鸡蛋片再拌匀。

（2）包饭前选好荷叶，用约 60℃的温水稍烫软，使包制时易成形。

（3）每个荷叶饭约 200 克，包成边角工整的包裹形，整齐排放在蒸笼内，注意不要斜放和叠放，大火蒸 5 分钟。

小贴士

1．饭粒软硬要适中。

2．荷叶饭要用旺火快蒸。

3．荷叶饭的最佳搭配是菜干蜜枣汤。

想一想

1．荷叶饭为什么没有荷叶的清香？

2．炒馅芡的大小对荷叶饭的品质有影响吗？

项目 14
马拉糕

面点小知识

马拉糕据说是由马来西亚华人传入，至今已有七八十年的历史。马拉糕的制作方法独特，使用原料搭配合理，食后齿颊留香。经过点心大师的改良，加入了西餐原料，使成品更加清香纯滑，味美而不腻。马拉糕融汇中西糕点的特点，是粤式点心中中西结合的"糕中之王"。

前置作业

传统马拉糕和现代马拉糕的区别是什么？

加温方法

蒸。

风味特点

茶棕色，麒麟面，气孔细密，有韧性和弹性，碱味香浓，口感软滑。

原料

老面种 50 克、中筋面粉 500 克、纯碱 3 克、白糖 350 克、净鸡蛋 350 克、鸡油 100 克、清水 250 克、泡打粉 10 克、榄仁 100 克。

工艺流程

备面种 ＞ 搓制 ＞ 入碱 ＞ 发酵 ＞ 加温 ＞ 成品

制作工艺

1. 提前一天用老面种 50 克、中筋面粉 500 克、清水 250 克，搓成面团，放在阴凉的地方静置 24 小时成面种。

2. 面种与白糖搓透，加入鸡蛋拌挞至匀，静置约 2 小时，使其自然发酵。

3. 起发后，生糕坯面有小气孔，加入纯碱中和适度后，加入泡打粉混合，再倒入鸡油拌匀，即成糕浆。

4. 蒸笼用纱纸垫底，放上 9 寸方格，格边和纸面扫上生油，倒入马拉糕浆，撒上榄仁，用猛火蒸 25 分钟即可。

小贴士

1. 掌握面种的老嫩程度，一般是要嫩且已发酵的。
2. 鸡蛋与面种拌挞后要静置至发酵才能加入纯碱中和。
3. 现代马拉糕制作时还可加入奶粉、吉士粉、牛油等改良口感和口味。

想一想

1. 马拉糕成品欠碱或碱足时会出现什么现象？
2. 如何制作才能使成品达到要求？

项目 15
伦教糕

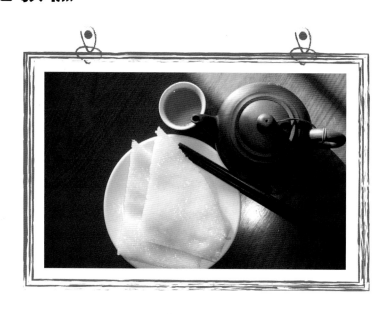

面点小知识

伦教糕源于广东顺德,是米制糕点中的"糕中之王",横竖眼是它的标志,其他糕点无法代替。

前置作业

伦教糕的出处是哪里?

加温方法

蒸。

风味特点

软韧带爽,有弹性,清甜润滑,半透明,乳白色,内部疏孔,有纵横花纹(又称横竖眼)。

原料

油粘大米 500 克、白糖 600 克、清水 650 克、糕种 50 克。

工艺流程

洗米、磨米 > 撞浆 > 放入糕种 > 发酵 > 加温 > 成品

制作工艺

1. 将大米洗净，浸 1 小时，磨成细浆后装入面袋，压干水分，制成干米浆。

2. 干米浆分成粒状（每粒约 25 克），用盆装好。

3. 清水和白糖煮成糖水，趁热迅速倒进米浆粒，拌匀，呈半糊化的浆状，冷却。

4. 往冷却后的糕浆中放入糕种发酵 10 小时，当搅拌糕浆时有小气泡并散发糕香味时便可加温。

5. 在蒸笼内放上蒸糕布，倒入已发酵好的糕浆，约 1.5 厘米厚，用中上火蒸 15 分钟。

小贴士

1. 选用石磨磨米浆。

2. 选用好的糕种。

3. 掌握发酵的温度和时间。

4. 用中上火蒸制。

想一想

1. 为什么用石磨磨米浆？

2. 如何鉴别糕种的好坏？

3. 如何控制发酵的程度？

附：糕种制作

1. 浸米。洗净大米，用水浸米 2 小时以上（最好浸一晚）。

2. 磨米浆。将浸透的大米用磨浆机磨成米浆。

3. 初发酵。加入酵母，比例：米浆 500 克，酵母 5 克（或面种 100 克），清水 250 克，拌匀后发酵 1~2 天。

4. 原糕种再发酵。把发酵好的米浆留约 1/3，加入约 500 克的新米浆和水再发酵 1~2 天。

5. 重复发酵几次后，糕种较纯，以后每次使用时留存适量作为糕种，以便下一次的品种制作。

项目 16
蒸蛋糕

面点小知识

蛋糕是西式面点，主要以烘烤为加温形式。广东点心师经过对配方的分析和改良，以蒸的加温形式加工，迎合广东人怕上火的心理，制作了蒸蛋糕。蒸蛋糕除了令蛋糕保持原来浓郁的蛋香味和营养价值外，更突出嫩滑的口感，是一款老少皆宜的点心。

前置作业

蒸蛋糕和烤蛋糕有什么区别?

加温方法

蒸。

风味特点

绵软有弹性，起发大，有浓郁的蛋香味，蛋糕内气孔细密均匀。

原料

净鸡蛋 500 克、白糖 400 克、低筋面粉 400 克。

工艺流程

鸡蛋和糖打发 ＞ 加面粉 ＞ 加温 ＞ 成品

制作工艺

1. 洗净蛋糕桶，倒入鸡蛋、白糖，搅拌至蛋浆呈鸡公尾状。
2. 徐徐倒入面粉，轻轻搅拌均匀，倒入已垫好的 9 寸方格内。
3. 上蒸笼用旺火蒸 20 分钟即可。

小贴士

1. 打蛋器要干净无杂质。
2. 蛋糕浆的起发要完全。
3. 加入面粉要均匀，不要起筋或生粒。
4. 要用旺火加温，蒸熟即可。

想一想

1. 蛋糕浆起发不完全对成品有什么影响？
2. 成品起发不理想的原因是什么？
3. 如何鉴别蒸蛋糕的生熟？
4. 如何解决蛋糕蒸不熟的问题？

项目 17
萝卜糕

面点小知识

萝卜糕是一种传统的中式糕点，全国各地均有，而广式的萝卜糕在原料中增加了广式腊味、瑶柱等，口味更加突出。萝卜糕是秋冬的节令糕点，"秋冬萝卜赛人参"，在冬天的寒风中，尝一口新鲜出炉的萝卜糕，暖在心头。

前置作业

萝卜糕属于什么季节的点心？制作时萝卜越多越好吗？

加温方法

蒸。

风味特点

色白，有萝卜的清香味，味香可口，软中带韧。

原料

粘米粉 1 000 克、萝卜丝 2 000 克、虾米 100 克、腊肉 250 克、猪油 100 克、精盐 40 克、白糖 50 克、胡椒粉 10 克、味粉 15 克、清水 1000 克。

工艺流程

开粉浆 > 备料 > 蒸萝卜丝 > 撞浆 > 加温 > 成品

制作工艺

1. 将粘米粉用清水浸泡成粉浆。
2. 腊肉切粒，虾米爆香。萝卜丝用铜锅蒸至熟透。
3. 趁热把粉浆倒入萝卜丝中搅拌成半熟糊状，再把其余原料和味料加入拌匀。
4. 加入猪油，和匀成萝卜糕浆。
5. 把萝卜糕浆倒入已扫油的 9 寸方盘内，猛火蒸约 1 小时。
6. 完全晾凉后切件，用中火煎至两面呈金黄色。

小贴士

1. 萝卜丝可蒸可煮，必须转色熟透。
2. 撞浆要呈半熟糊状，过熟易黏口，过生则易下坠。糕浆在 9 寸方盘内要拨平，蒸笼要放平。
3. 加温宜用猛火。

想一想

1. 成品会松散不成形的原因何在?
2. 色泽达不到成品要求的原因何在?

项目 18
芋头糕

面点小知识

芋头糕是一种传统糕品，以广西的较为地道。芋头糕的制作关键是芋头的选择，选择粉糯的芋头，才能制成美味成品。

前置作业

芋头糕的风味、芋头的口味变化多吗？试举几例。

加温方法

蒸。

风味特点

芋头色泽诱人，芋味香浓，刀口平整，质地软滑，有五香粉的特殊香味。

原料

芋头 2 500 克、大米干浆 1 500 克、精盐 40 克、白糖 25 克、清水 1 000 克、生油 100 克、肥腊肉 150 克、虾米 50 克、胡椒粉 5 克、五香粉 5 克、味粉 3 克、鸡粉 3 克、葱花 25 克。

工艺流程

开粉浆 > 切芋头、腊肉，炒虾米 > 芋头加粉浆加温 > 分层分次加温 > 加腊肉、虾米、葱花 > 成品

制作工艺

1. 用清水把干浆开成粉浆，加入精盐 10 克、白糖 5 克拌匀，再加入生油 25 克和匀备用。

2. 芋头去皮，切成大方粒，腊肉切中粒，虾米炒香。

3. 芋头加入盐和白糖、胡椒粉、五香粉、味粉、鸡粉捞匀，加入 1/4 粉浆和生油继续捞匀，倒入已铺好糕布的蒸笼内，蒸至八成熟；再加入 2/4 粉浆，蒸约 15 分钟；再加剩余的粉浆，蒸约 15 分钟，即加入腊肉、虾米略蒸，出笼加入切细的葱花即可。

小贴士

1. 芋头粒要切均匀，大小适中，成品过大易松散，过细则口感不明显。

2. 要用旺火加温，不可蒸过火或蒸生。

3. 也可用撞浆的方法进行制作，操作如萝卜糕制作。

想一想

1. 芋头糕成品色泽浑浊的原因何在？

2. 芋头糕成品黏软或松散的原因何在？

项目 19
灌汤饺

面点小知识

灌汤饺，顾名思义就是饺子里有汤。地道的灌汤饺原是清真食品，以羊肉、牛肉为馅，为了迎合更多人的口味，现在基本以猪肉馅为主。京津地区较为盛行，传入南方后，也受到大众的喜爱，现在是广东茶市常见的茶点之一。

前置作业

灌汤饺的汤汁如何保持?

加温方法

蒸。

风味特点

皮薄软韧，花纹细致清晰，玲珑剔透，馅汁丰富，馅味香浓，汤汁醇正浓郁、入口油而不腻。

原料

1. 面皮：中筋面粉 500 克、热水 300 克。
2. 灌汤饺馅：上肉 700 克、肉皮冻 250 克、蟹肉 150 克、蟹黄 30 克、猪油 100 克、精盐 15 克、酱油 30 克、白糖 5 克、香油 8 克、葱花 5 克、姜末 5 克、胡椒粉 3 克、味粉 1 克。

工艺流程

面团制作 > 馅料制作 > 包制造型 > 加温 > 成品

制作工艺

1. 面粉开窝，加热水，搓成纯滑面团，静置 20 分钟。
2. 将猪肉剁成肉蓉，蟹肉撕碎，加入蟹黄、姜末、肉皮冻、酱油等调拌成馅，最后加入猪油和葱花，入冷柜冷冻即成灌汤饺馅。
3. 将静置好的面团出体，每个约 15 克，包上 30 克馅料，捏成佛肚形。
4. 造型后的饺坯放在已扫油垫纸的小蒸笼内，一般 3~5 个一笼。用旺火蒸 12 分钟即成。

小贴士

1. 面皮的软硬和筋度要适中，否则易穿烂，难造型。
2. 馅料要冷冻后再使用，便于造型。
3. 加温至熟即可，过火则皮烂露馅。
4. 加温后的灌汤饺要趁热食用。最好用浙醋作调料。

想一想

1. 灌汤饺露馅的原因何在？
2. 灌汤饺没有汁液的原因何在？

附：灌汤饺肉皮冻的制作
1. 将猪皮加冷水，开旺火煮 5 分钟。
2. 捞出猪皮，用凉水洗净。
3. 去除皮上的肥肉，拔除猪毛。
4. 将处理好的肉皮切细丝，放入锅中。
5. 锅置火上，加入清水、八角、葱白、盐、胡椒，开小火煮 40 分钟。
6. 将煮好的肉皮汤放凉。
7. 放入榨汁机搅成肉皮糊。皮冻丝与肉皮汤比例为 2：1，放置冰箱冷藏 20 分钟。

项目 20
布拉肠粉

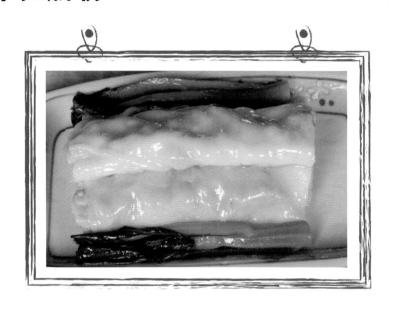

面点小知识

布拉肠粉是广州著名小吃，大至高级宾馆、小至街边食肆都有肠粉供应，品种变化繁多，是茶市必不可少的小吃之一。

前置作业

说说布拉肠粉的品种变化。

加温方法

蒸。

风味特点

肠粉皮薄而有韧性，香软柔滑。

原料

1. 粉浆：粘米粉 500 克、清水约 1 200 克、精盐 5 克、生油 50 克。
2. 布拉肠粉馅：葱花、虾米适量。

工艺流程

```
磨米浆          撞米浆          铺蒸布          蒸肠粉，加          成品
（浸米浆）                                     葱花、虾米
```

制作工艺

1. 粘米粉与盐及生油混合，再加清水调成粉浆。粉浆稀稠度应根据肠粉的要求调节，一般粉浆状态以挂浆为宜。

2. 把一块稍大于蒸盆的白布洗净，浸水平铺在蒸盆上，舀入粉浆，用手推平，撒下葱花、虾米，加盖大火蒸约两分钟。

3. 把蒸熟了的粉皮连同白布反转倒放于扫过熟油的金属或云石桌面，拉去白布，把粉皮卷成肠粉即成。

4. 吃时加入熟油和调和酱油。

小贴士

1. 油与粉混合后用水调稀，可避免油浮上，皮若太硬可加水，太软则加粉。
2. 白布每蒸一次粉浆后应立即清洗，肠粉才会润滑而不黏布。
3. 如加入各式肉类馅或素菜馅，则风味更佳。

想一想

1. 肠粉黏牙的原因何在？
2. 肠粉皮过厚的原因何在？

项目 21
娥姐粉果

面点小知识

娥姐粉果是除虾饺之外的广东名点，原是广州西关一大户人家的佣人娥姐所制的私房点心，由于深受主人和客人的赞赏，故得名。这款点心的制作方法从西关的大户人家传授到酒楼，使其成为风行一时的点心，深受食家的喜爱。

前置作业

娥姐粉果有几种吃法？

加温方法

蒸。

风味特点

榄仁形，皮透明而爽韧，馅松散干洁而味鲜香。

原料

1. 面皮：澄面 425 克、生粉 75 克、清水 750 克、精盐 5 克、猪油 15 克。
2. 娥姐粉果馅：瘦肉 150 克、虾肉 150 克、肥肉 50 克、肥叉 50 克、干笋 100 克、冬菇 25 克、精盐 5 克、白糖 10 克、生抽 10 克、绍酒 15 克、味精 5 克、胡椒粉 3 克、麻油 5 克、马蹄粉 15 克、上汤或清水 75 克。

工艺流程

制作工艺

1. 皮制作：
（1）将澄面、生粉和匀，用箩斗筛过。
（2）烧水，放入盐，水烧开后加入和匀的澄面生粉，迅速拌匀，拉离火位，倒在案板上搓成纯滑的面团，再加入猪油搓匀，便成粉果皮。

2. 馅制作：
（1）将肉料切成幼粒状，笋和冬菇切成幼片。
（2）瘦肉和虾肉裹少量生粉泡油至熟，保持嫩滑。
（3）全部原料下锅爆炒，瀦酒加汤，调味，勾芡，成粉果馅。

3. 造型：
（1）粉果皮每件 12.5 克，压扁成围棋状，用酥棍开皮，边开边旋转，呈边薄中间厚的小圆件形。
（2）在开好的小圆件底部粘上粉焙，4~5 件叠在一起，用手捏成直径约 7 厘米、中间凹陷像灯盏的粉果皮。
（3）每件粉果皮包入 15 克馅，捏成榄仁形，收边尽量细小，但不要露馅。
（4）造型后的粉果每 2~3 个一笼（蒸笼已扫油），用猛火蒸 3 分钟（粉果可蒸或半煎炸）。

小贴士

1. 粉果皮的面团一定要烫熟。
2. 切粉果馅时刀工要精细、均匀，馅松散而干洁。
3. 造型时皮要薄而不穿，收口要细而不露。

想一想

1. 粉果馅芡的要求如何？芡大对成品会有什么影响？
2. 如何完美完成粉果的造型？

项目 22
水晶花

面点小知识

水晶花是澄面点心花式变化的体现，其晶莹剔透，花式美丽，是春、夏、秋季的美点。

前置作业

搜集几张水晶花的图片。

加温方法

蒸。

风味特点

晶莹洁白，玲珑剔透，软韧爽滑，花纹清晰美观，味香甜浓郁。

原料

澄面 450 克、生粉 50 克、清水 800 克、白糖 400 克、猪油 40 克（水晶花一般选用甜馅，可用莲蓉、奶黄、椰丝等）。

工艺流程

面团制作 ＞ 馅料制作 ＞ 包制造型 ＞ 加温 ＞ 成品

制作工艺

1. 将澄面、生粉和匀，倒进沸水锅中，迅速搅拌均匀，倒出在案板上搓成纯滑面团。

2. 稍凉后加入白糖，搓至白糖完全溶解，加入猪油搓至纯滑。

3. 分体，每个皮 20 克，包入馅 10 克，用花镊子造出精美的花纹，花纹细致而均匀，厚薄一致。

4. 蒸笼扫油，放入水晶花生坯，用旺火蒸 3 分钟。

小贴士

1. 白糖分量要够，皮质才通透。

2. 加温时间过长成品会爆裂。

3. 选用色泽鲜明的馅料制得的成品外观漂亮。

想一想

1. 水晶花不够晶莹剔透的原因何在？

2. 水晶花皮不爽口的原因何在？

3. 水晶花如何变化造型？

项目 23
南方煎饺

面点小知识

南方煎饺与北方煎饺的区别：南方煎饺花纹细致，皮薄馅多，以肉为主；北方煎饺无花纹，皮馅各半，以菜为主，油重。本书的南方煎饺制法是广州地区流行的做法。

前置作业

南方煎饺、北方煎饺各有什么特色？

加温方法

蒸—煎。

风味特点

形状均匀，花纹清晰细致，皮薄馅多，馅味鲜香多汁，底皮色金黄、香脆。

原料

1. 煎饺皮：中筋面粉 500 克、开水 100 克、清水 100 克、精盐 5 克。
2. 煎饺馅：上肉 500 克、韭黄 100 克、姜蓉 25 克、精盐 10 克、白糖 15 克、胡椒粉 3 克、鸡精 5 克、麻油 3 克、生油 25 克。

工艺流程

面团制作 > 馅料制作 > 包制造型 > 蒸熟 > 煎 > 成品

制作工艺

1. 面粉过箩斗，在案板上开窝，倒入开水，把部分面粉烫熟。
2. 倒入清水、精盐，与面粉拌匀，搓至纯滑成煎饺皮。
3. 剁烂上肉、韭黄，加入精盐、白糖、胡椒粉、鸡精调味，最后加入姜蓉、麻油、生油即成。
4. 煎饺皮出体，每个约 15 克，包入 20 克煎饺馅，成煎饺形。
5. 包好的煎饺放在已扫油的板眼上，用旺火蒸约 8 分钟至熟。
6. 平底锅倒入少量油，煎至底部呈金黄色，洒上少许清水，再稍煎一会儿即成，上碟时煎色向上。

小贴士

1. 皮薄而有韧性，馅多。
2. 包好后即加温至熟，否则放置时间过长会导致皮穿变形。
3. 煎时洒少量水分，成品表面就不会太硬。

想一想

1. 如何让成品外脆内有汁？
2. 煎饺皮身霉（黏牙，不爽口）的原因何在？

项目 24
咸水角

面点小知识

咸水角以皮脆、肉嫩、馅料搭配独特而深受食客喜爱,因馅料中多数是乡土原料,如韭菜、笋粒、沙葛、萝卜干等,又称"家乡咸水角"。配上五香粉的独特风味,口感颇佳,外形上有晶莹的珍珠泡,是粤式茶市中历久不衰的品种,下茶、下粥、下酒均可。

前置作业

咸水角可以做成素食吗?

加温方法

炸。

风味特点

表面呈浅金黄色,有均匀的小珍珠泡,外脆内软滑,馅心正中,不露馅,味道鲜美独特。

原料

1. 面皮：糯米粉 500 克、熟澄面 100 克、白糖 100 克、猪油 100~150 克、清水 250 克。

2. 咸水角馅：上肉 300 克、虾米 50 克、笋粒 150 克、精盐 10 克、白糖 15 克、老抽 10 克、五香粉 1.5 克、麻油 3 克、胡椒粉 1 克、清水 150 克、马蹄粉 6 克、生油少许、绍酒少许、韭黄适量。

工艺流程

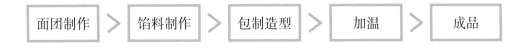

面团制作 > 馅料制作 > 包制造型 > 加温 > 成品

制作工艺

1. 糯米粉开窝，加入熟澄面、白糖、清水搓至白糖溶解，加入猪油，再搓至纯滑，制成咸水角面团。

2. 将上肉切成细粒上湿粉，用滚油泡过，虾米洗净滤去水分，切碎炒香，韭黄切粒备用。旺火起锅，将泡过油的肉、虾米、笋粒下锅爆炒，炝酒，再放进其他味料、清水稍炒，用湿马蹄粉勾芡，加尾油即成，晾凉后加入韭黄粒。

3. 皮 35 克、馅 15 克，捏成角形。

4. 生油烧开至 140℃ 左右，放入咸水角坯，炸至起泡，稍浮起，改用 160℃ 炸至呈金黄色，炸熟即可。过火则易爆口。

小贴士

1. 搓皮要掌握软硬度和猪油的分量，油过多易起大泡，油量少则不起泡。

2. 五香粉是咸水角馅的特色味，馅芡要适中。

3. 包馅时不要露馅。

4. 炸制的油温控制要先使用慢火后中火。

想一想

1. 咸水角成品表面不起珍珠泡的原因何在？

2. 咸水角不耐放的原因何在？

项目 25
炸软枣

面点小知识

炸软枣是一种广式茶点。外皮脆，馅香滑，稍放软滑如绵，老少皆宜。

前置作业

炸软枣最好选用什么馅料？

加温方法

炸。

风味特点

淡金黄色，枣形，芝麻分布均匀，外香脆而内软滑，馅香甜。

原料

1. 面皮：糯米粉 500 克、熟澄面 150 克、清水 250 克、白糖 100 克、猪油 75 克。

2. 炸软枣馅：莲蓉馅、白芝麻适量。

工艺流程

面团制作 > 馅料制作 > 包制造型 > 加温 > 成品

制作工艺

1. 糯米粉加入白糖、清水、适量熟澄面搓至糖溶，加入剩余熟澄面、猪油搓成粉团。要成团状，不黏不泻，不松散。

2. 糯米粉团出体，每个约 20 克，包入 10 克莲蓉馅，搓成枣形，均匀粘上白芝麻，再搓紧。

3. 油烧至中火，半成品下锅，用锅铲拨动油，令软枣坯翻动不黏底，炸至软枣浮上油面，继续搅动，至软枣呈淡金黄色、外皮脆，即可捞起。

小贴士

1. 面团的软硬度要适中。
2. 上芝麻后要再搓紧，否则芝麻易脱落。

想一想

1. 炸软枣成品穿孔露馅的原因何在？
2. 炸软枣成品发硬的原因何在？

项目 26
炸蛋球

面点小知识

炸蛋球空心、清香、油而不腻，深受食客的喜爱。

前置作业

炸蛋球配什么馅最合适？

加温方法

炸。

风味特点

色金黄而有光泽，圆球形，轻浮膨松，空心，挺拔不变形，外脆内软糯。

原料

中筋面粉 500 克、猪油 50 克、清水 600 克、鸡蛋 900 克、糖粉 250 克。

工艺流程

烧水 > 烫面粉 > 加鸡蛋 > 包制造型 > 加温 > 成品

制作工艺

1. 将清水、猪油煮沸，加入面粉烫成熟面团。

2. 分次加入鸡蛋，边加边搓拌，直至鸡蛋全部加入，成蛋面浆；面浆要求挤成圆球状，稍泻能成形。

3. 烧油至100℃，把蛋面浆挤成每个约25克的球状投放在油中，蛋球浮起后在保持120℃的油中浸炸，至蛋球体积增大为原来的4倍，外表呈金黄色，质脆，捞起滤油。

4. 趁热倒入糖粉中，使之均匀粘上糖粉，即可上桌。也可用剪刀在侧面剪开小口，挤入椰酱或炼奶作馅，丰富口感。

小贴士

1. 要掌握好蛋面浆的稀稠度。
2. 要掌握好下锅和浸炸的温度。

想一想

蛋球不成球形的原因何在？

项目 27
芋角

面点小知识

广式点心中有不少是使用植物做成皮的，芋角就是其中之一。芋头、番薯、莲子、百合、马铃薯、山药、南瓜及成熟后产生黏性的豆类，这些植物既松散又带有黏性，软滑而细腻，加入适量淀粉和油脂作媒介，能起到疏松膨胀的效果，从而使成品呈蜂巢状，诱人食欲。

前置作业

什么因素能影响"蜂巢"的生成和大小?

加温方法

炸。

风味特点

色泽金黄、鲜明，表面呈蜂巢状，质地松香带脆，馅香、湿润可口。

原料

1. 面皮：熟芋蓉 500 克、熟澄面 150 克、猪油 40 克、白糖 20 克、精盐 10 克、胡椒粉 1 克、味粉 1 克、麻油 1.5 克。

2. 芋角馅：瘦肉 350 克、熟肥肉 125 克、生虾肉 150 克、熟虾肉 75 克、湿冬菇 50 克、鸡肝 50 克、叉烧 50 克、鸡蛋 150 克、味粉 7.5 克、白糖 15 克、生抽 25 克、胡椒粉 2.5 克、马蹄粉 25 克、精盐 10 克、生油 40 克、麻油 5 克、二汤 300 克、绍酒 100 克。

工艺流程

面团制作　＞　馅料制作　＞　包制造型　＞　加温　＞　成品

制作工艺

1. 熟芋蓉与熟澄面混合搓匀，放入糖、盐、麻油等味料，再下猪油，用折叠的方法叠匀成芋蓉皮。

2. 取少量的芋蓉皮试炸，合要求便可包制芋角。

3. 将鸡肝用开水烫至熟，切成幼粒，瘦肉、生虾肉加湿粉和匀，泡油，捞起，鸡蛋打好备用。湿冬菇下热油锅炒香，将熟肥肉、熟虾肉、叉烧等一同下锅，溅酒，加入二汤、味料炒匀，用马蹄粉打芡，再下鸡蛋拌匀，并加生油作包尾油即成芋角馅。

4. 芋蓉皮出体，每个 30 克，压扁，中间稍厚、边稍薄，然后包上 15 克的馅，成榄核形。

5. 把芋角坯整齐排放在炸板上，160℃~170℃油温加温至起蜂巢，成熟。

小贴士

1. 造型后要尽快加温，半成品放置时间过长皮会返软。

2. 选用粉质重的芋头。

3. 油温要合适，油温低、色泽不鲜明或成品松散、油温高都起不了蜂巢。

4. 造型包制前要试体，避免影响成品质量。

想一想

1. 芋角起蜂巢的原因何在？

2. 芋角渗油的原因何在？

3. 芋角皮用料中，如芋蓉和熟澄面比例不合适，成品会怎样？

附：熟芋蓉的制作
　　将芋头洗净，去皮，切成大件，上蒸笼蒸熟，趁热压烂成蓉或用机器打拌成蓉（把粉质差、难成蓉的芋头挑出），即成熟芋蓉。

项目 28
春卷

面点小知识

春卷是风行世界的食品，无论走到世界的哪个角落，都有春卷供应，可以说是一款无国界美食。此款广式春卷，食料丰富、口味浓厚。

前置作业

说说春卷吸引人的地方。

加温方法

炸。

风味特点

色泽鲜明，呈浅金黄色，表面气孔呈沙梨皮状，成品饱满、质地松脆。

原料

1. 春卷皮：高筋面粉 500 克、精盐 5.5 克、清水 600 克。

2. 春卷馅：瘦肉 350 克、肥肉 150 克、鸡肉 100 克、熟虾肉 75 克、生虾肉 150 克、湿冬菇 50 克、银芽 300 克、笋丝 200 克、味粉 10 克、生抽 25 克、精盐 10 克、白糖 20 克、马蹄粉 8 克、二汤 100 克、叉烧 50 克、韭黄 30 克、胡椒粉 1.5 克、生油 50 克、绍酒 20 克。

3. 脆浆：中筋面粉 400 克、生粉 75 克、马蹄粉 25 克、面种 100 克、生油 150 克、泡打粉 7.5 克、清水 750 克、纯碱 2.5 克、精盐 7.5 克。

工艺流程

制作工艺

1. 制皮：①面粉过箩斗，与精盐一起放入盆内，逐少加入清水，边加边搓挞，直至清水加完，面团起筋能用手将面团提起便可；②用慢火烧热平底锅，抹上少许生油，用手提着面团，在锅中轻轻一搓（搓成直径 18~20 厘米的圆形），随即提起，锅中的薄面块烫熟后即成薄饼皮；③一般 500 克面粉可起面皮 40 件。

2. 制馅：①烧锅下油，放入银芽、少量水及少许精盐，用旺火炒至九成熟，倒起冷却备用；②韭黄切段（1 寸长）备用；③将瘦肉、肥肉、鸡肉、叉烧、湿冬菇切成丝状；④将瘦肉、肥肉、鸡肉、生虾肉上湿粉，一同泡油，捞起；⑤旺火起锅，将泡过油的肉料爆炒，放进熟虾肉、冬菇、叉烧、笋丝炒匀，攒酒，即放进二汤、味料调味，用马蹄粉打芡，加包尾油，冷却后加入银芽、韭黄拌匀。

3. 制脆浆：①把面粉、生粉和泡打粉和匀过箩斗，用盆盛装；②放入面种、精盐，以及已用清水调好的稀马蹄粉浆，并逐少加入清水，边加入面粉边拌匀，使面粉不生粒，直至清水加完为止；③加入纯碱使其与面种中和，碱合度以后，倒入薄油搅至纯滑成脆浆；④每件面皮包入约 30 克的馅，呈边角分明的均匀扁长方形，收口用面浆粘牢。

4. 加温：把春卷粘上脆浆，用中火炸至呈金黄色即可。

小贴士

1. 面皮要烫熟，但不要太干，以防脆硬。

2. 包馅时，馅要放在一边，不要放在薄饼皮的中间，否则包起来的皮一面厚一面薄。

3. 炸的火候要掌握好，先用中上火后用中火，不仅可使色泽鲜明，而且可使质地达到松脆。

想一想

成品难上色的原因是什么？脆浆为什么要松身？

项目 29
笑口枣

面点小知识

笑口枣是一种传统的广式点心，外酥香内松化。形似"笑口"，有"笑口常开"的吉祥寓意，因此也是年宵食品之一。

前置作业

笑口枣配什么饮品最合适？

加温方法

炸。

风味特点

金黄色，鸡肾形，芝麻分布均匀，外酥香松脆，内绵软不油腻。

原料

低筋面粉 500 克、白糖 275 克、食粉 3 克、生油 30 克、清水 150 克、白芝麻 100 克。

工艺流程

制作工艺

1. 将清水、白糖煮成糖水，晾凉。

2. 面粉开窝，加入食粉、生油、糖水和匀，拌入面粉，复叠成软硬适中、无粉粒的面团，静置 20 分钟。

3. 稍复叠，出体每个约 30 克，粘上芝麻，搓成圆球形。

4. 油烧至 150℃，放入生坯，拉离火位，浸炸至笑口枣浮上油面开始开裂，适当慢慢搅动，使其上色均匀，笑口枣开裂合适后，加温至油温 160℃时定型、上色，起锅前再提升油温，使之不要吸太多油分。色泽金黄即可起锅。

小贴士

1. 食粉和油的用量要准确。
2. 面团不能起筋。
3. 加温的过程是决定成品形状的关键。

想一想

1. 笑口枣散开的原因何在？如何处理？
2. 笑口枣炸不开、色深的原因何在？

项目 30
油条

面点小知识

油条是一种古老的传统食品，遍及全国各地，且各具特色，有绵软的、松脆的、长的、扭麻花的，等等，而广式的油条有明显的要求和特征：棺材头，扫帚尾，丝瓜络。

前置作业

如何能使油条炸后保持脆身的时间长久些？

加温方法

炸。

风味特点

起发好，内心呈丝瓜瓤状，金钱眼，表面有豆角泡，外脆内软，色泽金黄鲜明，味道甘香。

原料

高筋面粉 500 克、精盐 10 克、臭粉 1 克、泡打粉 5 克、食粉 1 克、稀面种 12.5 克、枧水约 15 克、清水约 350 克。

工艺流程

制作工艺

1. 高筋面粉过箩斗，开窝，加入清水 250 克，再加入盐、食粉、稀面种及枧水 10 克，搓拌成面团，把余下的清水混合余下的枧水每隔 10 分钟加水 1 次，共加水 3 次。

2. 把面团放在案板上，静置约 20 分钟，复叠一次后，待面团松筋，上油条板开薄。

3. 油烧至 180℃，面团斩条，两条叠一起压实，拉长，放入油锅，待油条浮起后用筷子向左右拨弄，让油条迅速起发定型，然后炸至两面呈金黄色、脆身、熟透。

小贴士

1. 面筋的筋要大，面皮稍软。
2. 炸的油温要用中火，并保持火候。

想一想

1. 炸油条时，油温过高或过低对成品各有何影响？
2. 开面团时，开得厚与薄对成品各有什么影响？
3. 制作面团时分次加水有什么作用？

项目 31
咸煎饼

面点小知识

咸煎饼是一种传统的粤式美味点心，以广州德昌酒楼出品的较为著名。

前置作业

德昌咸煎饼的来历是什么？

加温方法

炸。

风味特点

色泽金黄、鲜明，形似车轮，身厚，起发好，香脆可口，内心松软，呈丝瓜瓤状。

原料

中筋面粉 500 克、生油 50 克、白糖 150 克、南乳 25 克、泡打粉 15 克、食粉 5 克、精盐 10 克、蒜蓉 10 克、清水 300 克、白芝麻 100 克。

工艺流程

制作工艺

1. 中筋面粉、泡打粉过筛开窝，加入白糖、生油、南乳、食粉、精盐、蒜蓉和清水，搓至糖完全溶解，拌入中筋面粉，搓成有筋、纯滑的面团。

2. 面团静置 30 分钟，复叠一次，开薄成长方形，静置松弛面筋，面筋度适中后把面皮开薄成约 1.5 厘米厚，扫油水，卷成圆筒形，切件，每件 100 克，切口处粘上芝麻，静置约 20 分钟。注意在静置过程中要保湿，防止风干。

3. 烧油，中油温，约 160℃，把完全松身的面坯稍拉开，中间压薄，并用手指顶着面坯中间下锅，炸至两面呈金黄色即可。

小贴士

1. 掌握面团、面皮、半成品的筋度。
2. 掌握面团的碱度。
3. 掌握扫油水的分量。

想一想

1. 咸煎饼起发不好的原因何在?
2. 咸煎饼不成车轮形、中间分离的原因何在?

项目 32
沙琪玛

面点小知识

沙琪玛原名萨其马，因其松软香甜、入口即化的优点，深受人们的喜爱，是甜点中的佼佼者。它原是满族的一种食物，清代关外三陵祭祀的祭品之一，原意是"狗奶子蘸糖"，是将面条炸熟后，用糖混合成小块。经过历代点心师的改良，现已成为一种大众化的食品，既有酒楼的出品，也有大工业生产的成品，但口味上依然以松化香甜而吸引食家。当然，要吃到美味可口的沙琪玛，还是要到茶市，品尝师傅们新鲜制作的成品。

前置作业

说说茶市的沙琪玛与商场袋装的沙琪玛的区别。

加温方法

炸。

风味特点

浅金黄色，鲜明有光泽，件头工整，边角分明，糖浆分布均匀，稀稠度合适，质地松中带化，有蛋香及清甜味。

原料

1. 面皮：高筋面粉 500 克、净鸡蛋 350 克、臭粉 15 克、泡打粉 5 克。
2. 糖胶：白糖 1 100 克、麦芽糖 250 克、清水 400 克。

工艺流程

面团制作 > 面皮打薄、炸 > 炼糖胶 > 上糖胶 > 定型、切件 > 成品

制作工艺

1. 高筋面粉过箩斗，放在案板上开窝，将鸡蛋、臭粉放进面窝中搓透，与面粉一起拌匀，搓至纯滑有筋，搓成长条形，用洁净布盖好，静置约 20 分钟。

2. 静置后用面棍把面团开长开薄，边开薄边印上生粉，并用面棍卷起，用力均匀地推压，把面皮压薄，再展开，印生粉，上面棍，推压，如此反复数次，把面皮压至 0.1 厘米厚，然后切成 6 厘米长、0.7 厘米宽的沙琪玛坯条。

3. 用中上火约 180℃的油温炸至熟透，捞起滤油。

4. 白糖加水用大火煮至起泡，转中慢火，加入麦芽糖，再煮至起丝状即可。

5. 在锅底刷上一层油，倒入炸好的沙琪玛坯，淋上糖胶，用锅铲轻轻拌匀。然后倒在已抹油并撒了芝麻的案板上，用手轻轻压平，使其四角平整，凉后切成方件即可。

小贴士

1. 开皮时用力要均匀，以免厚薄不一致，切条大小要均匀整齐，以韭菜叶的规格为好。

2. 炸至熟透，色泽呈浅金黄。

3. 糖胶的浓度要适合，根据天气的冷暖决定糖胶的浓度。

4. 上糖胶时手法要轻快，勿过多搅拌。

想一想

1. 沙琪玛上糖胶的过程中要注意什么？
2. 糖胶为什么会翻生？
3. 沙琪玛坯条不松化的原因是什么？

项目 33
冰花蛋散

面点小知识

冰花蛋散是与沙琪玛齐名的一款甜点，其因松脆香甜而受人们喜爱。

前置作业

复习沙琪玛的制作方法。

加温方法

炸。

风味特点

金黄色，糖胶色泽明亮，起大泡，质地松化香甜，有香浓的蛋香味。

原料

1. 面皮：高筋面粉 500 克、净鸡蛋 325 克、臭粉 15 克、泡打粉 5 克。
2. 糖胶：白糖 600 克、麦芽糖 150 克、清水 300 克。

工艺流程

面团制作 ＞ 面皮压薄、造型 ＞ 加温 ＞ 炼糖胶 ＞ 上糖胶、成品

制作工艺

1. 面粉泡打过筛，开窝，加入臭粉、鸡蛋和匀，拌入面粉，搓至纯滑有筋，搓成长条形，静置松筋。

2. 用面棍压长压薄，然后铺开，扫上一层薄油，对折，令油分在两件皮之间，再用面棍卷起，反复压薄至约 0.1 厘米，对折整齐，用刀切成长日字形、大小均匀的面皮，在每件中间切中间长、两边短的三条缝，两件面皮叠在一起，把两端向中间的刀缝穿出成蛋散形。

3. 油烧至 180℃，放入蛋散坯，迅速拨开，并用油篱拍打，帮助起发，炸至两面呈金黄色，脆身，捞起滤油。

4. 用洁净的锅将白糖和清水煮成糖水，起泡后加入麦芽糖，保持中慢火，煮至糖胶起丝状，有回力便可。

5. 将炸好的蛋散晾凉后，逐条上糖胶，滤去多余的糖胶即可。

小贴士

1. 扫油胆要均匀适中。

2. 开蛋散皮上粉焙时，用布袋装入生粉成粉袋，可防止粉焙过多和不匀。

3. 炸时要使用高油温并炸熟透。

4. 上糖胶要均匀适中。

5. 糖胶的老嫩程度要掌握好。

想一想

1. 冰花蛋散为什么不松脆，无大泡？

2. 糖胶过浓或过稀对冰花蛋散成品各有什么影响？

项目 34
甜薄撑

面点小知识

薄撑其实是把糯米粉团在锅中反复由厚撑薄，名字相当贴切。随着制作原料的广泛应用，薄撑有了很大的变化，有用烫熟糯米粉团撑薄的，有开稀粉浆半煎半炸的，有咸有甜，花式多样。

前置作业

至少讲出 5 款薄撑的名称，咸甜均可。

加温方法

煎。

风味特点

皮金黄，外香脆内软糯，馅味香甜。

原料

1. 面皮：糯米粉 500 克、清水 500 克、白糖 100 克。
2. 甜薄撑馅：白芝麻 100 克、花生 100 克、白糖 200 克、椰糠 50 克。

工艺流程

开面浆 ＞ 备馅 ＞ 加温 ＞ 加馅 ＞ 成品、切件

制作工艺

1. 糯米粉加水和白糖，拌成稀浆。
2. 将白芝麻炒香，花生炒香后去衣捣成细粒，和白糖、椰糠拌匀成馅。
3. 平底锅烧热，加油，倒入糯米粉浆，摊平，煎至两面呈金黄色。
4. 趁热加入拌好的馅料，切件，每件直径约 4 厘米、宽约 4 厘米。

小贴士

1. 糯米粉浆要稀稠适中，过稠摊不开而令成品过厚，过稀则难成形，一般以挂壳为宜。
2. 趁热加入馅料成形，晾凉则难以卷制。
3. 馅质要松散。

想一想

1. 为什么甜薄撑会松散不成形？
2. 薄撑成品过软或过硬的主要原因是什么？

项目 35
咸薄脆

面点小知识

咸薄脆咸香味甘，有南乳和蒜香味，口感松脆而化。粤人喜食粥，咸薄脆是佐粥的佳品。

前置作业

说说咸薄脆与咸蛋散的区别。

加温方法

炸。

风味特点

色泽浅金黄，质地松脆，有小珍珠泡，味道甘香可口。

原料

高筋面粉 500 克、净鸡蛋 50 克、清水约 150 克、生油 25 克、白糖 25 克、南乳 25 克、蒜蓉 25 克、精盐 10 克、食粉 1 克、黑芝麻 10 克。

工艺流程

面团制作 ＞ 面皮压薄 ＞ 切件 ＞ 加温 ＞ 成品

制作工艺

1. 面粉开窝，加入原料搓拌均匀，拌粉，搓成纯滑的面团，静置松筋。

2. 将面团搓成长条形，压薄，上面棍，反复压成厚约 0.1 厘米的薄面皮（过程如制作干蒸皮）。将开好的面皮铺叠整齐，切成边长 2~3 厘米的三角形或菱形小片。

3. 油烧至 160℃，放入薄脆坯，炸至呈金黄色便可。

小贴士

1. 面皮厚薄要均匀一致。

2. 油温中温，炸至呈金黄色。

想一想

炸好的薄脆如何保持脆度?

项目 36
云吞面

面点小知识

云吞面是广东人的至爱，有广东人的地方必有云吞面铺。一碗靓的云吞面必须做到面靓、云吞靓、汤靓，三者缺一不可。

前置作业

说说您在哪里吃过最好吃的云吞面。

加温方法

煮。

风味特点

面条爽韧软滑，汤清而味浓郁，云吞皮薄馅鲜，爽口有汁。

原料

1. 面条：高筋面粉 500 克、净鸡蛋 200 克、枧水 5 克。
2. 云吞皮：干蒸皮，切件要比干蒸皮大，为约 8 厘米的正方形。

3. 云吞馅：瘦肉 375 克、肥肉 125 克、鲜虾 250 克、湿冬菇 25 克、大地鱼末 10 克、鸡蛋黄 3 个、精盐 6 克、味精 2.5 克、白糖 10 克、麻油 5 克、胡椒粉 1.5 克。

工艺流程

面团制作 > 云吞皮制作 > 馅料制作、包制云吞 > 面汤制作 > 分别加温后上碗加汤 > 成品

制作工艺

1. 高筋面粉过箩斗，开窝，加入鸡蛋、枧水搓成面团，静置 20 分钟，用压面机反复顺一方向压至面团纯滑，厚薄约 0.1 厘米（或用手反复搓揉后再静置 30 分钟，用压干蒸皮的方法把面团压至 0.1 厘米厚），转切条轴把面块切成条状，分成约 50 克和 100 克的分量。

2. 将瘦肉洗净晾干水分，切成 0.6 厘米的丁方肉粒（不要使用绞肉机，成品口感不及手工切肉正宗），冬菇浸发后切成幼粒，虾仁洗净吸干水分。先把瘦肉加盐挞拌至起胶，再加入其他辅料拌匀，入冰柜冷冻。包制云吞前把原只蛋黄打在馅面上，以使包云吞时皮馅黏合。

3. 每件皮包入约 10 克云吞馅，一般用幼细的馅挑，一个云吞利用馅挑折三折。

4. 烧热水至呈菊花芯状，倒入云吞，用中慢火煮至云吞浮起后加冷水 1 至 2 次，保持菊芯状，至云吞完全成熟，捞起后过"冷河"，放起备用。

5. 用大火下面条，煮至面条软滑后，捞起过"冷河"，再返煮，捞起，落碗，放云吞，加面汤，撒上韭黄，一气呵成。

小贴士

1. 面条要经过反复搓揉或过机压，才能达到爽、韧、滑的口感。
2. 云吞和面条在煮制时应过"冷河"，以保持面皮的爽度。

想一想

1. 云吞皮霉烂的原因何在？
2. 云吞面黏牙的原因何在？
3. 云吞面汤不香浓、不清的原因何在？

附：面汤制作

主料是生虾壳、大地鱼、猪大骨。

做法是把所有原料飞水，用布袋包裹虾壳和大地鱼、猪骨一起用猛火煲 3 小时以上，滤去汤渣，调味。如加入适量的火腿骨则风味更好。

项目 37
濑粉

面点小知识

濑粉是广东人十分喜爱的著名小吃。约 1850 年始创于广东中山，原来是冷饭晒干后磨成粉制作而成的，现在用粘米粉制成粉条，煮至绵滑，加入猪骨汤，配料一般用葱、姜、蒜、花生、头菜丝、鸡蛋丝、猪油渣，再配以肉丝或煎香的鱼饼丝。卖相普通，但朴实有内涵。

前置作业

除广州的濑粉外，还有哪些地方出品濑粉？各地的特色如何？

加温方法

煮。

风味特点

粉条完整，入口软、韧、爽、滑，口味咸香，口感丰富。

原料

粘米粉 500 克、清水 400 克、上汤 500 克、精盐 5 克、白糖 10 克、胡椒粉 3 克、味粉 3 克、猪油渣、萝卜菜脯粒、虾米、瑶柱、鸡蛋丝、炸花生、葱、芫荽。

工艺流程

濑粉制作 ＞ 配料制作 ＞ 猪骨汤烧热 ＞ 煮濑粉 ＞ 加辅料，成品

制作工艺

1. 将粘米粉和水拌匀静置成濑粉浆。

2. 烧热滚水，把濑粉浆放入濑粉挤袋内，用力均匀地把粉浆迅速地挤入热水中，煮至熟透后捞起，过冷水。

3. 猪骨汤烧热，加入煮过的濑粉，煮至软滑带黏，调味，也可用少量的粘米粉开浆，打芡，增加濑粉的黏稠度。

4. 加入猪油渣、萝卜菜脯粒、虾米、瑶柱等，继续稍煮，上碗后加入葱花、炸花生、芫荽即成。

小贴士

1. 濑粉浆的稀稠度要适中，过稠粉条口感差，过稀则难成形。

2. 辅料最后加入，如过早则因煮的时间过长而影响口味。

想一想

1. 濑粉成品不软滑的原因何在？

2. 濑粉还有什么口味变化？

3. 港澳的濑粉在制作上与广州的有什么区别？

附：猪骨汤制作

　　主料猪扇骨、猪大骨，飞水后用炭火烤过成烧骨，加水煲 3 小时成猪骨汤。

项目 38
明火白粥

面点小知识

明火白粥是用猛火煮滚后，再用慢火细熬至米粒开花，颜色奶白，质地绵滑，香浓。可放适量的腐竹增加香味和口感，是粥品中最简单的，常被人们用作调整肠胃、助消化的佳品。它还是所有生滚粥的粥底。

前置作业

在家煲一煲合标准的明火白粥。

加温方法

煲。

风味特点

稀稠度适中，香滑绵软，久放不生水。

原料

大米 50 克、清水 850 克、腐竹适量。

工艺流程

制作工艺

1. 先用水将腐竹泡软。
2. 将米洗净，放入瓦煲内加入清水、腐竹，用大火煮沸。
3. 煮沸后用慢火煲 40 分钟。

小贴士

1. 先用大火煮沸，煮沸后转慢火。
2. 煮粥过程中不要加水或频繁转火，要慢火细煮。
3. 煮粥量大时可适当搅拌。

想一想

粥底为什么会生水，不绵滑？

项目 39
状元及第粥

面点小知识

状元及第粥是广式花式粥品之一，其实是猪杂肉丸粥，有多吃能状元及第的美好寓意。

前置作业

如何处理及第粥的配料才能使粥品嫩滑可口？

加温方法

煮。

风味特点

粥香绵滑，原料丰富，有新鲜猪杂的清香，爽口嫩滑。

原料

明火白粥一锅，猪腰 75 克，猪肝 75 克，猪粉肠 75 克，猪瘦肉 75 克，猪心 60 克，猪肚 75 克，生姜少许，精盐、白糖、料酒、胡椒粉、芫荽适量。

工艺流程

猪粉肠、猪肚煮熟 ＞ 其余原料切片 ＞ 肉料调味 ＞ 加到白粥里煮熟 ＞ 成品

制作工艺

1. 将猪粉肠、猪肚洗净，用开水烫后放入锅内煮 1 小时后切开，备用。

2. 猪腰去除臊筋，稍飞水后切片；将猪肝、猪心与猪瘦肉洗净，切片，加入生姜丝和精盐、白糖、料酒，略腌。

3. 将所有材料放入熬好的白粥内，煮熟后用精盐、胡椒粉调味，并撒上生姜丝、芫荽末即可。

小贴士

要选用新鲜的猪杂。

想一想

如何制作状元及第粥?

项目 40
荔湾艇仔粥

面点小知识

荔湾艇仔粥是最具广式风情的粥品。品尝一碗荔湾艇仔粥,仿佛回到了西郊荔枝湾畔,想起了游河小艇穿梭往来,老一辈的西关人荔湾晚唱的情景。艇仔粥原料非常丰富和多变,在荔枝湾畔的小艇上边听曲边品尝艇仔粥,是多么写意的生活!

前置作业

荔湾艇仔粥的材料是什么?

加温方法

煮。

风味特点

粥香绵滑,原料丰富,口味独特。

原料

叉烧 50 克，鱼片 50 克，鱿鱼须 50 克，浮皮①50 克，海蜇 50 克，蛋丝 50 克，炸花生和薄脆各 20 克，盐、糖、鸡精、葱花、芫荽、姜丝适量，白粥一锅。

工艺流程

切配原料 ＞ 煮滚白粥 ＞ 加入原料 ＞ 稍滚 ＞ 成品

制作工艺

1．取一小锅白粥加热。

2．待粥滚后，调味，即加入适量的盐、糖和鸡精。放入姜丝、叉烧、浮皮和鱿鱼须，滚 5 分钟。

3．再加入鱼片、海蜇和蛋丝，稍滚片刻，熄火。

4．在碗底放入葱花和芫荽，倒入粥，拌匀即可。

小贴士

各样肉料加入粥后不要加温过久，否则味道会变淡。考虑到安全，鱼片最好用明火加温。

想一想

荔湾艇仔粥的原料还有什么变化？

---

① 浮皮：广东传统饮食中，由猪皮制作的特色食品。

项目 41
焖牛腩

面点小知识

焖牛腩是大众喜爱的地道街边小食，易做难精。

前置作业

品尝几款不同地方出品的焖牛杂或焖牛腩，说说它们各自的特色。

加温方法

焖。

风味特点

牛腩松软香滑，口味香浓。

原料

牛腩 500 克，萝卜 300 克，姜、葱、柱侯酱、盐、糖适量。

工艺流程

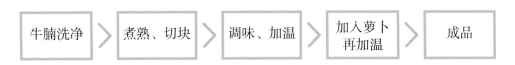

牛腩洗净 ▷ 煮熟、切块 ▷ 调味、加温 ▷ 加入萝卜再加温 ▷ 成品

制作工艺

1. 把牛腩洗净，煮熟，切块备用，萝卜也切块焯水备用。
2. 起油锅，下姜片爆香后，放入牛腩爆炒至转色。
3. 下糖、盐、柱侯酱爆香，转入压力锅，加水，压力锅内煮 20 分钟后，把萝卜放进去，再煮 10 分钟即可，上碟后撒上葱花。

小贴士

1. 牛腩要煮熟定型后才切件，成品成形易掌握。
2. 牛腩要焖至身稔松软。
3. 萝卜要后下，过早则易烂。
4. 焖牛腩是否好吃，取决于师傅对调味的掌握和焖的火候。

想一想

1. 如何让牛腩尽快焖至稔滑？
2. 牛腩的调味要注意什么？

项目 42
银针粉

面点小知识

银针粉来源于民间小食。相传在春节，家家户户一家老少都会一起搓制一种细长的粉条与其他食材混炒着吃，寓意长久、长寿。过去银针粉是用米粉做的，现在基本上用澄面来搓制。

前置作业

银针粉可以做成多少种口味？

加温方法

蒸—炒。

风味特点

粉条均匀精细，爽韧，配料多样，口味鲜香。

原料

1. 银针粉：澄面 400 克、生粉 100 克、清水 750 克、精盐 15 克、生油 25 克。

2. 配料：银芽、韭黄、细萝卜丝、冬菇、鲜虾、鸡丝、叉烧丝、红椒丝、蛋丝、盐、绍酒、油、二汤。

工艺流程

烫熟澄面 > 搓银针粉、蒸银针粉 > 切配料 > 炒银针粉 > 成品

制作工艺

1. 将澄面、生粉和匀，加盐。

2. 烧开水，倒入澄面生粉，迅速拌匀，搓至纯滑成面团，再搓成团。

3. 把熟澄面团分体成每个约 3 克，搓成两头尖的细针状（长约 7 厘米，直径约 0.3 厘米），放入蒸笼，铺成薄薄一层，扫上薄油（熟后才不会粘连在一起），蒸约 3 分钟，呈熟透明状。

4. 烧锅，放油，加入肉料爆炒，再放银针粉，溦酒，加其他配料（韭黄除外），调味，加汤，最后加入韭黄翻炒即可起锅。

小贴士

1. 银针粉和配料的比例以 2 : 1 为宜。

2. 炒制时火要猛，速度要快，各种食材要分散，才会色泽鲜明。

想一想

1. 银针粉不爽口的原因何在？

2. 银针粉的口味有哪些变化？

项目 43
金鱼饺

面点小知识

金鱼饺制作精美，形似金鱼，配以清澈的上汤，宛如金鱼在水里自由地畅游，栩栩如生。金鱼饺是经广州资深的面点师在云吞的基础上改良而成的，是一款非常精致的席上点心，适合以位供应。

前置作业

金鱼饺还可以有什么变化？（从面团、加温方面思考）

加温方法

蒸。

风味特点

口感外软滑、馅爽口，汤水清澈。

原料

1. 面皮：高筋面粉 500 克、清水 225 克、胡萝卜丝适量。
2. 金鱼饺馅：猪肉 500 克、湿冬菇 25 克、精盐 6.5 克、白糖 10 克、生粉 15 克、胡椒粉 1.5 克、味粉 7.5 克、麻油 4 克。

工艺流程

面团制作 ＞ 馅料制作 ＞ 包制造型 ＞ 加温 ＞ 配汤 ＞ 成品

制作工艺

1. 胡萝卜切丝备用。面粉开窝，加入清水和胡萝卜丝，搓成较硬身的面团。
2. 将湿冬菇切成幼粒，将猪肉剁蓉。将剁好的猪肉加入切好的冬菇粒中，拌匀，再加入盐、生粉、胡椒粉、白糖、味粉、麻油搅拌均匀，冷冻备用。
3. 将搓好的面团过机，出体，开皮，开薄至皮能"打影"。
4. 皮边缘扫上蛋清，包上猪肉馅，再造型便成金鱼饺。
5. 铁眼板扫上一层薄油，放上金鱼饺蒸至熟。
6. 金鱼饺装入碗中，加入灼熟的菜胆、杞子，配上汤便成。

小贴士

1. 皮要扫蛋清。
2. 皮的厚薄要"打影"，过厚显得形象呆板，过薄则易烂。
3. 配上清澈的上汤。

想一想

制作金鱼饺的关键是什么？

项目 44
萝卜丝酥

面点小知识

　　萝卜丝酥原是街头的小食，前身是烧饼，经面点大师的改良，演变成制作精细、层次分明、馅香有汁的酥饼，是一款既适合茶市，也适合作单尾的点心。

前置作业

萝卜丝酥选用不同的馅料还可演变成什么？

加温方法

炸。

风味特点

有层次，色泽金黄，馅味香浓，汁多。

原料

1. 面皮：高筋面粉 50 克、低筋面粉 450 克、猪油 50 克、蛋黄 6 个、清水约 275 克。

　　2. 油心：低筋面粉 400 克、猪油 250 克。

　　3. 馅料：白萝卜、火腿肉、调味料、粟粉浆。

工艺流程

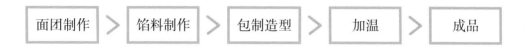

| 面团制作 | > | 馅料制作 | > | 包制造型 | > | 加温 | > | 成品 |

制作工艺

　　1. 将高筋面粉和低筋面粉混合过筛，开窝加入蛋黄和水混合，埋粉，成团后加入猪油搓至均匀，包上保鲜膜，静置 10 分钟。

　　2. 低筋面粉过筛，加猪油搓至纯滑，成油心。

　　3. 面皮开薄包入油心，锁边，开酥，即从中间往两边推，开薄，共折两个四折，每开一个四折都入冷柜静置。开酥后，面皮开薄约 0.7~0.8 厘米厚，宽约 15 厘米后，切成每块约 7 厘米宽的条状，单面涂上蛋清，叠放在一起，成长 15 厘米、宽 7 厘米、厚 7 厘米的方块状，用保鲜膜包好后入冰箱冷冻至硬。

　　4. 将萝卜切成幼丝，将火腿切成细粒，用猛火蒸萝卜至软，调味，加入粟粉浆勾芡，再蒸至芡熟，晾凉即成。

　　5. 冷冻后的面皮斜切成 0.3 厘米厚，涂上蛋白，放入威化纸，落馅，卷起成圆筒形。

　　6. 约 130℃油温时下锅，炸至金黄。

小贴士

1. 面皮、油心的软硬度要一致。
2. 叠层、包馅时要涂上蛋清。
3. 开皮时用力要均匀。

想一想

1. 萝卜丝酥的酥层不分明、不均匀的原因何在？
2. 如何让萝卜丝酥的色泽呈浅金黄色？

项目 45
蜂巢蛋黄角

面点小知识

蜂巢蛋黄角是芋角的代用品，有咸蛋黄的清香，可通过油分与淀粉的调节，起到很大的蜂巢，增加品种的造型变化。

前置作业

可以用蛋黄角来变化什么造型？

加温方法

炸。

风味特点

色泽金黄、鲜明，表面呈蜂巢状，质地松香带脆，馅香润泽可口。

原料

1. 面皮：熟澄面 500 克、咸蛋黄 150 克、猪油 50 克、白糖 20 克、精盐 10 克、胡椒粉 1 克、味粉 1.5 克、麻油 1.5 克。

2. 蜂巢蛋黄角馅：瘦肉 350 克、熟肥肉 125 克、生虾肉 150 克、熟虾肉 75 克、湿冬菇 50 克、鸡肝 50 克、叉烧 50 克、鸡蛋 150 克、味粉 5 克、白糖 15 克、生抽 25 克、胡椒粉 2.5 克、马蹄粉 25 克、精盐 10 克、生油 40 克、麻油 5 克、二汤 300 克、绍酒 10 克。

工艺流程

制作工艺

1. 先将咸蛋黄放入蒸笼蒸熟，将蒸好的咸蛋黄用刀压烂，将熟澄面与咸蛋黄混合搓匀。将糖、麻油、盐、味粉、胡椒粉放入咸蛋黄澄面内搓匀后再下猪油，用折叠的方法将各种味料叠匀。取少量蛋黄角皮试体，符合要求便成。

2. 将瘦肉、熟肥肉、叉烧、生虾肉、熟虾肉、湿冬菇、鸡肝用开水烫至刚熟，切成均匀幼粒。将瘦肉、生虾肉加湿马蹄粉和匀，泡油，捞起。鸡蛋打好备用。热油锅，把湿冬菇和已泡油的肉类一同下锅炝酒，加入二汤、精盐、白糖、生油、味粉、胡椒粉、麻油后炒匀，用马蹄粉勾芡，并加生油调匀，便成蜂巢蛋黄角馅。

3. 面皮出体，每个 30 克，压扁，中间稍厚，边稍薄，然后包上 15 克的馅，造型是榄核形，成为角坯。

4. 将角坯下油锅炸至熟，油温为 160℃~170℃。

小贴士

1. 面皮要幼滑，不生粒，能黏结而不韧，能拉断而又无尾尖，润滑而不渗油。

2. 角坯放置时间不要过长，否则容易翻软，影响发起。

3. 油温一定要合适，油温低会导致色泽不鲜明或成品松散，油温过高则起不了蜂巢。

想一想

1. 蛋黄角的"蜂巢"不理想的原因何在？

2. 蛋黄角和芋角的区别是什么？

3. 蛋黄角皮有哪些变化品种？

项目 46
脆皮泡芙

面点小知识

泡芙的品种变化多样，可作席上点心。

前置作业

脆皮泡芙用什么馅最好？

加温方法

炸。

风味特点

皮金黄，外松脆、内软糯，馅心丰富，形格均匀完整。

原料

中筋面粉 500 克、清水 650 克、黄油 250 克、净鸡蛋 750 克、忌廉馅适量。

工艺流程

| 面团制作 | > | 馅料制作 | > | 包制造型 | > | 加温 | > | 成品上馅 |

制作工艺

1. 先将面粉过筛。用锅将清水和黄油一同煮沸，后将面粉放入沸水内边煮边搅拌，拌至匀滑（不至生粒），煮至熟即成熟面团。

2. 用容器装起后，趁热将鸡蛋液逐少加入，直到鸡蛋加完并纯滑为止，即成蛋面堆。

3. 烘盘扫上生油，再撒上一些面粉，后用挤花袋放入挤花嘴，将蛋面团放入挤花袋里，然后挤在烘盘上，入炉用中火烘至成熟即成。

4. 泡芙完全晾凉后加入忌廉馅。

小贴士

1. 煮面粉时，要煮至熟透，并要防止黏锅起焦，影响质量。

2. 要趁热加蛋，若面团凉了才加蛋，则蛋不能加得多，且影响起发。

3. 蛋要逐少加入，搓至纯滑再继续加入，才能使泡芙皮纯滑不生粒，起发性强。

想一想

1. 如泡芙皮烘得不够熟，会出现什么问题？

2. 煮面皮时要注意什么？

3. 怎样才能使泡芙形状均匀一致？

项目 47
南瓜汤圆

面点小知识

汤圆（粤语方言中也称汤丸）是中国人的传统食品，是元宵佳节的指定食品，故也称作"元宵"，是喜庆节日合家一起吃的甜品，有团团圆圆的寓意。现在许多酒楼都有各式经改变的汤圆品种，如擂沙汤圆、炸汤圆等，广州街头更有专门卖汤圆的甜品店。

前置作业

讲出 10 个以上的汤圆品种。

加温方法

煮。

风味特点

皮软韧，馅香软滑，有南瓜风味。

原料

1. 面皮：糯米粉 500 克、澄面 100 克、白糖 150 克、猪油 35 克、清水 600 克。

2. 南瓜汤圆馅：南瓜 250 克、白糖 100 克、牛油 100 克。

工艺流程

面团制作 > 馅料制作 > 包制造型 > 加温 > 成品

制作工艺

1. 先将南瓜去皮切成小块状，放入烤箱以 120℃的温度将其烤至全熟。
2. 将烤熟的南瓜压成泥，加入白糖、牛油搅拌均匀。
3. 放入蒸柜蒸 10 分钟。
4. 蒸好后过筛，放入冰箱备用。
5. 将糯米粉、澄面、白糖、猪油、清水搓匀成粉团。
6. 将面皮和馅各分成 30 份，把面皮包上馅成汤圆坯。
7. 烧水至"虾眼水"，把汤圆坯逐一放入，保持慢火加温，至汤圆浮起，稍煮一会儿，捞起。
8. 卜碗，加入糖水，或上碟即可。

小贴士

1. 南瓜馅要烤至熟，口味才香浓。
2. 汤圆皮软硬度要适中，过硬易爆口，过软易变形。
3. 加温时火候要保持中慢火，浮起后加温时间不要过长，否则皮烂露馅。

想一想

1. 南瓜汤圆的面皮和馅的制作有什么要求？
2. 汤圆还可以有什么变化品种？

模块二

饼屋中西点心

项目 48
叉烧餐包

面点小知识

叉烧餐包是由面包品种演变而来的，是粤点中比较受欢迎的品种之一，品质松软，馅味浓郁。

前置作业

说说加温方法的种类。

加温方法

烘焙。

风味特点

色泽金黄，底部呈浅杏皮色，形状圆正，品质绵软，馅心正中，馅味浓香、软滑。

原料

1. 面皮：高筋面粉 500 克、白糖 100 克、鸡蛋 1 个、干酵母 4 克、奶粉 20 克、精盐 2.5 克、牛油 30 克、清水约 250 克、面包改良剂 2 克。

2. 叉烧餐包馅：上肉叉烧 250 克、叉烧包芡 130 克、洋葱 50 克。

工艺流程

制作工艺

1. 用清水将白糖溶解备用。

2. 将面粉、干酵母、改良剂、奶粉、鸡蛋、盐放入搅拌机内慢速搅拌 1 分钟左右。

3. 加入已溶解的白糖水，中速搅拌至面筋扩展（约 5 分钟）。

4. 加入牛油，先慢后快中速搅拌，完成后以拉出薄膜状为佳（面团温度 28℃）。

5. 醒发：表面盖上薄膜发酵约 30 分钟。

（1）将面团分割成 50 份，将其滚圆。

（2）盖上薄膜，静置 15 分钟至松弛。

（3）开皮，包入 20 克的叉烧馅，放在已扫油的烤盘上，光滑面朝上。

（4）将制品放入发烤箱，温度 30℃，湿度 80%。

6. 发酵完成后，在面包表面扫上蛋液，入炉加温。以面火 220℃、底火 180℃的温度烘烤约 6 分钟。

小贴士

1. 面团一定要搅拌至面筋扩展，可拉出薄膜状。

2. 注意控制好发酵的温度、湿度和时间。

想一想

1. 面包的疏松原理是什么？

2. 制作面包面团时，如果快速搅拌时间过长，会出现什么情况？

附：叉烧馅的制法

1. 将叉烧切成指甲片大小。

2. 洋葱切粒爆香。

3. 将叉烧片、洋葱、叉烧包芡混合均匀便可使用。

项目 49
叉烧酥

面点小知识

叉烧酥是由油酥皮制品演变而来的,是粤点中常见的品种之一。

前置作业

复习开酥方法。

加温方法

烘焙。

风味特点

成品有层次感,皮质松化,色泽金黄,长方块状,馅味浓郁有香气。

原料

1. 水皮:低筋面粉 400 克、高筋面粉 100 克、白糖 30 克、牛油 50 克、鸡蛋黄 6 个、清水约 250 克。

2. 油心：低筋面粉 450 克、白起酥油 350 克、牛油 100 克。

3. 馅心：上肉叉烧 500 克、蚝油芡 250 克。

工艺流程

面团制作 > 馅料制作 > 包制造型 > 加温 > 成品

制作工艺

1. 水皮面团制作：面粉过筛后在工作台上开窝，放入白糖、清水、鸡蛋黄拌擦，然后加入牛油、面粉搓成面团，静置 10 分钟，再重复叠至纯滑。

2. 油心面团制作：将面粉过筛，加入白起酥油和牛油，搓成面团。

3. 馅心制作：将上肉叉烧切成指甲片状，然后与蚝油芡混合均匀。

4. 开酥：

（1）将水皮面团开薄，放上油心面团，用水皮面团将油心面团包好。

（2）用樋槌开薄成长方块，对叠四层。

（3）用拧干的湿毛巾盖好，放置 10 分钟。

（4）重复步骤（2）和（3）。

（5）用樋槌开薄成长方块，厚约 0.3 厘米，然后用刀切件，切成规格为 8 厘米 ×8 厘米的正方形。

5. 上馅：放上 20 克的叉烧馅，包成长条形，收口向下，两端压上花纹。

6. 成形：将已包馅的坯体放在烤盘内，扫上蛋黄液 2 次。

7. 烤熟：将炉温调至面火 200℃、底火 180℃，达到炉温后，放入半制品烘烤约 25 分钟。

小贴士

1. 水皮面团与油心面团的硬度要基本一致。

2. 开酥时用力要均匀，每堆叠一次后要有静置时间。

3. 入馅后，将两端用力压紧，防止馅外流。

4. 扫蛋黄液时要均匀，炉温要合适。

想一想

如水皮面团与油心面团硬度相差太远，会出现什么现象？

项目 50
鸡仔饼

面点小知识

鸡仔饼是传统粤点中具有代表性的品种之一，创于百年老店成珠楼，由于饼熟后像蹲着的小鸡而得名。

前置作业

复习冰肉的制作方法。

加温方法

烘焙。

风味特点

色泽金黄，皮薄，馅味独特，和味浓郁，丰腴甘香，可配茶、配酒。

原料

1. 面皮：低筋面粉 750 克、细白糖 150 克、食粉 2.5 克、生油 250 克、麦芽糖 10 克、清水约 200 克。

2. 鸡仔饼馅：肥肉 600 克、白糖 1000 克、汾酒 100 克、芝麻 100 克、花生肉 100 克、蒜蓉 50 克、烤熟低筋面粉 250 克、五香粉 75 克、南乳 50 克、精盐 15 克、生油 100 克、榄仁 100 克、梅菜（加糖）100 克。

工艺流程

制作工艺

1. 饼皮面团的制法：

（1）将面粉过筛后在工作台上开窝。

（2）放入白糖、麦芽糖、食粉、生油、清水在窝内拌匀。

（3）搓至匀滑后静置 10 分钟，再复叠成为饼皮团。

2. 饼馅的制法：

（1）预先将生肥肉切粒，加入汾酒、白糖混合均匀，放入冰箱腌制 4 天。

（2）将所有的原料混合均匀，便成饼馅。

3. 皮、馅结合（造型）：

（1）饼皮 600 克，馅 1400 克。

（2）将饼皮擀薄，包入饼馅，然后分成 120 份，再捏成椭圆形压扁。

（3）放在已扫油的烤盘上。

4. 加温：在饼面扫上蛋液 2 次（隔 3 分钟扫一次），然后入炉，以面火 200℃、底火 160℃的温度烘烤约 25 分钟。

小贴士

1. 肥肉必须用酒和白糖腌透，才能爽口香甜。

2. 造型时要均匀，不要过分露馅，并形成龟背状，饼馅的白糖不用搓溶。

想一想

如果皮软、馅硬会出现什么问题？

项目 51
老婆饼

面点小知识

老婆饼又名冬蓉酥饼，起源于潮州，其得名是由于该饼从皮到馅都酥香绵软，老婆婆牙齿不全也可轻易食用。

前置作业

复习常用甜馅的制作方法。

加温方法

烘焙。

风味特点

色泽金黄光亮，皮酥带软，有层次感，馅软滑味香甜。

原料

1. 水皮：中筋面粉 500 克、白糖 25 克、猪油 150 克、清水约 200 克。

2. 油心：低筋面粉 500 克、猪油 250 克。

3. 馅心：冬蓉馅适量。

工艺流程

面团制作 ＞ 开酥 ＞ 造型 ＞ 加温 ＞ 成品

制作工艺

1. 将面粉在工作台上过筛开窝，加入白糖、清水混合，搓至白糖溶解后加猪油混合均匀，拌入面粉搓成面团。盖上湿毛巾静置 10 分钟，再搓至纯滑。

2. 将面粉过筛，加入猪油混合，在工作台上搓至纯滑成团。

3. 将水皮面团分成每 15 克 1 粒，油心面团 10 克 1 粒。用手将水皮压略扁，上油心包好，接口向上。然后压扁，用酥棍开长（约 10 厘米）卷起，接口向下，压扁，叠三层再开成圆件。

4. 包入 20 克冬蓉馅，用酥棍开薄成圆件（直径约 6 厘米），用刀在表面划三刀。

5. 将半制品放在已扫油的烤盘内，扫上蛋液。放入烘烤炉内加温。以面火 200℃、底火 180℃的温度烘烤 25 分钟。

小贴士

1. 掌握好面团的软硬度。

2. 开酥时用力要均匀。

3. 包馅正中。

想一想

1. 怎样才能使老婆饼的表面色泽更好？

2. 怎样才能使老婆饼的质感更好？

项目 52
乳酪蛋糕

面点小知识

乳酪蛋糕是西饼店内常见的、最受欢迎的品种之一，口味和款式多种多样。

前置作业

说说常见的蛋糕种类。

加温方法

烘焙。

风味特点

色泽金黄，松软可口，嫩滑，口感香浓，有较重的奶酪香味，营养价值高。

原料

1. 用料：鸡蛋 8 个、乳酪 400 克、无盐奶油 200 克、纯牛奶 250 克、低筋面粉 100 克、粟粉 75 克、幼白糖 200 克、塔塔粉 5 克、果胶适量。

2. 刷模具配料：高筋面粉 100 克、沙拉油 50 克。

工艺流程

准备工作 ＞ 制作乳酪蛋浆 ＞ 造型 ＞ 加温 ＞ 成品

制作工艺

1. 准备工作：

（1）把高筋面粉和沙拉油按 2∶1 的比例混合刷在模具内，于底部表面铺上白纸备用。

（2）将蛋清和蛋黄分开。

（3）设置好炉温，放入烘烤盘并注入 2 000 克清水备用。

2. 制作乳酪蛋黄面糊：

（1）把乳酪、无盐奶油、纯牛奶混合在一起，隔水加热至溶解。

（2）加入粟粉和低筋面粉，搅拌至没有粉粒。

（3）加入蛋黄，充分搅拌，制成乳酪蛋黄面糊备用。

3. 打蛋泡：把蛋清和白糖、塔塔粉混合在一起，先慢后快地搅拌，起发比原来的体积大 2 倍。

4. 混合：

（1）将蛋泡分次与乳酪面糊混合搅拌成蛋糕面糊。

（2）将蛋糕面糊倒入模具内，八分满排入烘烤盘内。

5. 加温：以面火 180℃、底火 140℃的温度烘烤约 70 分钟。出炉脱模后，在表面抹上果胶即可。

小贴士

1. 纯牛奶、乳酪、无盐奶油的溶解温度约为 60℃。

2. 蛋清不要打发过度。

想一想

1. 乳酪蛋糕成品出现反缩过度的原因是什么？

2. 乳酪蛋糕与其他蛋糕有什么区别？

项目 53
牛角包

面点小知识

牛角包是丹麦面包中常见的品种，也是面包店、西饼店最受欢迎的品种之一。

前置作业

复习烘焙方法。

加温方法

烘焙。

风味特点

色泽金黄，有层次感，外微脆、内松软，形似牛角，口感好，甘香。

原料

高筋面粉 250 克、低筋面粉 50 克、清水约 150 克、精盐 5 克、牛油 30 克、酵母 7.5 克、白糖 20 克、鸡蛋 1 个、黄起酥油 200 克。

工艺流程

准备工作 > 面团搓制 > 开酥 > 造型发酵 > 加温 > 成品

制作工艺

1. 面团制作：
（1）将酵母放入容器内，加适量清水混合备用。
（2）将高筋面粉、低筋面粉过筛开窝。
（3）加入清水、白糖、盐搅拌至溶解，再加入酵母水混合均匀。
（4）拌入 1/2 面粉混合，然后加入牛油，拌入余下面粉搓成面团。
（5）放入发烤箱，在 25℃的环境中静置 20 分钟。

2. 开酥：
（1）将面团用擀面杖开成 2 厘米厚的长方形。
（2）将黄起酥油擀成面团的 1/2 大小。
（3）用面团将黄起酥油包好，锁边。
（4）用樋槌将面团开薄，厚约 1 厘米，对叠三层。
（5）静置 10 分钟，重复步骤（1）一次。
（6）静置 10 分钟，再重复步骤（4）一次。

3. 造型：
（1）将面团开成 0.5 厘米厚的长方形。
（2）用界刀切成等腰三角形。
（3）在三角形底边中间开一小口。
（4）将小口处的面块向左右轻轻稍微撕开。
（5）将撕开的小角向内卷入。
（6）用左手捏住三角形顶角，右手把面块从底边向顶角卷起成牛角形。
（7）排放在烤盘中，放入发酵箱发酵，温度为 30℃，湿度为 80%。
（8）发酵完成后体积为原来的 3 倍左右。

4. 加温：在表面刷上蛋黄液，以面火 200℃、底火 180℃的温度烘烤约 25 分钟。

小贴士

1. 刷蛋液时切口不用刷，以免影响层次。
2. 开酥时，每次对叠后都要有静置时间。

想一想

1. 丹麦牛角包开酥时要注意什么问题？
2. 丹麦面包的特点是什么？

项目 54
曲奇

面点小知识

粤式点心曲奇来源于丹麦曲奇饼，是西饼中常见的品种之一。

前置作业

说说加温方法。

加温方法

烘焙。

风味特点

色泽淡黄，松化中带微脆，有奶香味，花纹清晰，厚薄、大小均匀美观。

原料

低筋面粉 250 克、粟粉 175 克、奶油 250 克、奶粉 40 克、白糖粉 200 克、鸡蛋 100 克。

工艺流程

准备工作 > 调制面浆 > 造型 > 加温 > 成品

制作工艺

1. 面团制作:
(1)把奶油、白糖粉混合在一起搅拌至奶油变成奶白色。
(2)分次加入鸡蛋,一边加一边搅拌均匀。
(3)加入低筋面粉、粟粉和奶粉,慢速搅拌均匀。
2. 造型:用布质裱花袋和有锯齿纹状的裱花嘴,把面团挤在烘烤盘内。
3. 加温:以面火180℃、底火160℃的温度烘烤约30分钟。

小贴士

1. 奶油和白糖粉混合后要充分搅拌。
2. 加入面粉后,慢速搅拌均匀即可,不宜搅拌过多。

想一想

1. 奶油曲奇成品出现硬脆不够松化的原因是什么?
2. 为什么要使用白糖粉而不用白糖?

项目 55
瑞士蛋卷

面点小知识

瑞士蛋卷是西饼店最常见的品种之一，以其独特的口感，深受广东人的喜爱。

前置作业

复习蛋糕的做法。

加温方法

烘焙。

风味特点

松绵软滑，蛋香醇厚，表皮呈金黄色，光亮油润。

原料

鸡蛋 1000 克、白糖 400 克、高筋面粉 50 克、低筋面粉 350 克、泡打粉 5 克、食盐 4 克、蛋糕油 40 克、鲜奶 75 克、清水 75 克、沙拉油 250 克。

工艺流程

准备工作 ＞ 蛋浆制作 ＞ 加温 ＞ 造型 ＞ 成品

制作工艺

1．准备工作：

（1）设置炉温。

（2）烘烤盘扫油垫纸。

2．打蛋浆：

（1）把鸡蛋与白糖混合在一起，充分搅拌。

（2）加入高筋面粉、低筋面粉、泡打粉、盐，快速搅拌 4 分钟。

（3）加入蛋糕油。

（4）快速搅拌，起发比原体积增大 4 倍。

（5）将鲜奶、清水、沙拉油混合，加热搅拌均匀，加入已打发的蛋面糊中搅拌均匀。

3．加温：

（1）将蛋面糊倒入已扫油垫纸的烤盘内，抹平表面。

（2）以面火 200℃、底火 160℃的温度烘烤 30 分钟，静置冷却。

4．造型：

（1）在工作台上垫上白纸，将蛋糕翻转，除去底纸，抹上一层忌廉。

（2）卷起成卷状，放置 10 分钟。

（3）成形后用利刀切件即可。

小贴士

1．掌握好蛋浆的搅拌起发程度，搅拌速度先慢后快。

2．在蛋浆内加入清水、鲜奶和沙拉油的混合物时，搅拌均匀即可，不宜搅拌过久。

想一想

1．瑞士蛋卷成品表面爆裂的原因是什么？

2．成品表面脱皮的原因是什么？

项目 56
酥皮蛋挞

面点小知识

酥皮蛋挞是粤点中具有代表性的品种之一，由于口感独特而广受人们喜爱。

前置作业

试述鸡蛋的特性。

加温方法

烘焙。

风味特点

酥皮层次感好，皮质松化，馅心香甜润滑，光滑油亮，蛋香醇厚。

原料

1. 水皮：低筋面粉400克、高筋面粉100克、白糖30克、牛油50克、鸡蛋黄6个、清水约200克。
2. 油心：低筋面粉450克、白起酥油350克、牛油100克。
3. 馅心：鸡蛋500克、白糖400克、吉士粉50克、清水500克、鲜奶250克。

工艺流程

面团制作　>　开酥　>　造型　>　加温　>　成品

制作工艺

1. 水皮面团制作：用上述原料制作水皮面团，并将面团静置 10 分钟。

2. 油心面团制作：用上述原料制作油心面团，将白起酥油、牛油、面粉混合制成面团。

3. 馅心制作：

（1）将吉士粉、白糖混合均匀。

（2）加入净蛋混合，然后加入鲜奶和清水混合。

（3）用筛过滤 2~3 次便成蛋挞糖水，备用。

4. 开酥：

（1）用擀面杖将水皮面团开薄成 1 厘米厚的长方形。

（2）将油心面团用手压薄，面积是水皮面团的 1/2。

（3）用水皮面团将油心包好，锁边。

（4）用楎槌将面团开成 1 厘米厚的长方块。

（5）把面块对叠四层后静置 10 分钟。

（6）再次将面团擀开，对叠四层，静置 10 分钟。

5. 造型：

（1）将面团擀开成 0.3 厘米厚的长方形。

（2）用花钣，钣件。

（3）将酥皮面团放在模具内，捏成盏形，在烘烤盘内排放好。

（4）斟入蛋挞糖水，约八分满。

6. 加温：

（1）以面火 200℃、底火 230℃~250℃的温度烘烤约 25 分钟。

（2）出炉后，脱去模具即可。

小贴士

1. 蛋挞糖水不宜加得过满。
2. 加温时炉温要稳定，不宜频繁打开炉门。

想一想

1. 蛋挞成品馅心凹陷不平滑的原因是什么？
2. 蛋挞成品馅心不凝固的原因是什么？

项目 57
酥皮面包

面点小知识

酥皮面包是西饼店常见的品种之一，由于其物美价廉，日销量较大。

前置作业

复习面包的做法。

加温方法

烘焙。

风味特点

表面呈金黄色，酥皮有不规则的裂纹，成品外形圆整，起发较好，松软富有弹性，酥皮酥松甘香。

原料

1. 甜面包皮：高筋面粉 500 克、幼白糖 100 克、牛油 30 克、清水约 260 克、干酵母 5 克、面包改良剂 2 克、盐 3 克、鸡蛋 1 个、奶粉 25 克。

2. 酥皮：低筋面粉 500 克、细白糖 300 克、麦芽糖 50 克、鸡蛋 1 个、泡打粉 10 克、臭粉 2 克、食粉 2 克、牛油 250 克。

工艺流程

面团制作 > 造型发酵 > 拍皮 > 加温 > 成品

制作工艺

1. 甜面包皮的制法请参考叉烧餐包面包皮的制法。

2. 酥皮制法：

（1）将面粉、泡打粉过筛开窝，加入白糖、臭粉、食粉、鸡蛋、麦芽糖混合均匀，并搓至白糖溶解 30%。

（2）加入牛油混合均匀。

（3）拌入面粉混合均匀。

（4）折叠 2~3 次制成面团。

3. 发酵、造型：

（1）将面包皮出体，每个 50 克，搓圆。放入已扫油的烤盘内，放入发酵箱发酵至比原体积大 2.5 倍左右。

（2）取出，表面扫上清水，用拍皮刀将酥皮（10 克）拍成圆件，放在面包的表面。

（3）放回发酵箱发酵约 20 分钟。

（4）取出，扫上蛋液。

4. 加温：以面火 200℃、底火 180℃的温度烘烤约 20 分钟。

小贴士

1. 酥皮面团制作时，要求面团不能起筋，软硬度要合适。

2. 酥皮厚薄要均匀。

3. 炉温要保持适度。

4. 掌握好面包的发酵程度。

想一想

1. 酥皮面团如果起筋，对成品会有什么影响？

2. 面包皮的制作要点是什么？

项目 58
酥皮椰挞

面点小知识

酥皮椰挞是在蛋挞的基础上变化而来的品种，口感独特。

前置作业

复习油酥皮的做法。

加温方法

烘焙。

风味特点

酥皮层次感好，皮质松化，色泽金黄，馅心椰香味浓郁，甘香可口，口感润滑。

原料

1. 水皮：低筋面粉 400 克、高筋面粉 100 克、白糖 30 克、牛油 50 克、鸡蛋黄 6 个、清水约 200 克。
2. 油心：低筋面粉 450 克、白起酥油 350 克、牛油 100 克。

3．馅心：鸡蛋 250 克、低筋面粉 200 克、清水约 350 克、沙拉油 200 克、奶油 250 克、白糖 500 克、泡打粉 5 克、椰蓉 500 克。

工艺流程

面团制作 > 开酥 > 造型 > 加温 > 成品

制作工艺

1．水皮面团制作：用原料制作水皮面团，并将面团静置 10 分钟。
2．油心面团制作：用白起酥油、牛油、面粉混合制成油心。
3．馅心制作：
（1）把清水、白糖混合搅拌至白糖溶解。
（2）加入沙拉油和溶解的奶油搅拌均匀。
（3）加入低筋面粉和椰蓉搅拌均匀。
（4）加入鸡蛋和泡打粉，充分搅拌均匀即可。
4．开酥：
（1）用擀面杖将水皮面团开薄成 1 厘米厚的长方形。
（2）将油心面团用手压薄，面积是水皮面团的 1/2。
（3）用水皮面团将油心面团包好，锁边。
（4）用樋槌将面团开成 1 厘米厚的长方块。
（5）把面块对叠四层后静置 10 分钟。
（6）再次将面团擀开，对叠四层，静置 10 分钟。
5．造型：
（1）将面团擀开成 0.3 厘米厚的长方形。
（2）用花钣，钣件。
（3）将酥皮面团放在模具内，捏成盏形，在烘烤盘内排放好。
（4）斟入椰挞糖水，约几分满即可。
6．加温：以面火 200℃、底火 180℃的温度烘烤约 30 分钟。出炉后，脱去模具即可。

小贴士

1．造型时酥皮不能有穿孔。
2．炉温要稳定。

想一想

1．椰挞成品馅心不够润滑、表面不平的原因是什么？
2．成品酥皮不够松化的原因是什么？

项目 59
鲜果泡芙

面点小知识

泡芙是西式点心中常见的品种之一，口感独特。

前置作业

复习奶黄馅的制作方法。

加温方法

烘焙。

风味特点

表面呈金黄色，起发好，外表硬脆，内松软，大小均匀，馅心香甜软滑，有水果香味。

原料

低筋面粉 200 克，高筋面粉 300 克，鸡蛋 700 克，奶油 200 克，清水 650 克，巧克力酱、蜂蜜、菠萝、草莓、鲜忌廉适量。

工艺流程

| 烫熟面团 | > | 造型 | > | 加温 | > | 加馅 | > | 成品 |

制作工艺

1. 面团制作：

（1）先将面粉过筛备用。

（2）用锅将清水和奶油一同煮沸，逐少加入面粉并搅拌均匀。

（3）将煮熟的面团放入搅拌机内，用中速搅拌，一边搅拌，一边逐少加入鸡蛋搅拌均匀至纯滑。

2. 造型：

（1）布制裱花袋放入花纹裱花嘴，将面团放入裱花袋中。

（2）将面团挤出，均匀地排列在烘烤盘内。

3. 加温：以面火 220℃、底火 180℃的温度烘烤约 40 分钟。

4. 皮馅结合：

（1）出炉冷却后，用刀在中间切开，然后挤上鲜忌廉。

（2）在鲜忌廉上放水果块。

（3）在表面挤上蜂蜜、巧克力酱即可。

小贴士

1. 面粉要煮至熟透。

2. 鸡蛋要逐少加入，面团要搅拌至纯滑。

3. 加温时要烘烤熟透。

想一想

1. 泡芙成品出现收缩现象的原因是什么？

2. 面团制作时要注意什么问题？

项目 60
咸方包

面点小知识

咸方包属于面包中的一种，结构紧密，品质松软。

前置作业

说说常见面包的种类。

加温方法

烘焙。

风味特点

边角线分明，内心洁白，气孔幼密、韧性好，松软，色泽鲜明。

原料

高筋面粉 500 克、盐 10 克、蛋白 75 克、奶粉 20 克、鲜奶 300 克、干酵母 5 克、白奶油 40 克、白糖 40 克、面包改良剂 2 克、奶香精少许。

工艺流程

面团制作 ＞ 造型 ＞ 发酵 ＞ 加温 ＞ 成品

制作工艺

1．面团制作：

（1）先将高筋面粉、食盐、干酵母、面包改良剂、白糖、奶香精放入搅拌缸内，慢速搅拌均匀。

（2）加入蛋白、鲜奶，先慢后快搅拌至面筋扩展。

（3）加入白奶油慢速搅拌均匀后，转快速搅拌至纯滑。

（4）完成后的面团可拉出薄膜状（面团温度约28℃）。

（5）将面团静置约20分钟。

2．造型：

（1）静置后将面团分割成90克一份。

（2）将小面团滚圆，静置20分钟。

（3）用擀面杖擀开。

（4）卷成圆筒形。

3．发酵：

（1）4个一组排在模具内，盖上模盖，放进发酵箱作最后发酵。

（2）发酵至模具的八分满即可。

4．加温：以面火200℃、底火220℃的温度烘烤约40分钟。

小贴士

1．加温面团在制作时一定要搅拌至面筋扩展。

2．注意控制好面团温度和发酵温度、相对湿度。

想一想

1．成品出现表面起大泡、色泽不均匀现象的原因是什么？

2．面团制作时要注意什么问题？

项目 61
香蕉核桃蛋糕

面点小知识

香蕉核桃蛋糕属于重油蛋糕的品种之一，口感较为丰富。

前置作业

复习常见蛋糕的种类。

加温方法

烘焙。

风味特点

香蕉味浓郁，由于加入了香脆的核桃肉，蛋糕口感极其丰富，松软可口，色泽鲜明。

原料

高筋面粉 350 克、低筋面粉 150 克、泡打粉 10 克、苏打粉 7 克、鸡蛋 100

克、奶油 200 克、香蕉肉 500 克、白糖粉 400 克、食盐 8 克、鲜奶 250 克、核桃肉 260 克。

工艺流程

准备工作 > 蛋糕面糊制作 > 造型 > 加温 > 成品

制作工艺

1. 蛋糕面糊制作：
（1）把白糖粉、奶油、食盐混合在一起搅拌均匀。
（2）加入香蕉肉搅拌成糊状。
（3）加入面粉、苏打粉和泡打粉拌至充分混合。
（4）加入鸡蛋搅拌均匀。
（5）加入鲜奶搅拌至面糊光亮。
（6）加入碎核桃肉搅拌均匀，制成蛋糕面糊。
2. 造型：在模具上放置纸杯，放入蛋糕面糊约八分满，在表面撒上核桃碎。
3. 加温：以面火 180℃、底火 190℃的温度烘烤约 30 分钟即可。

小贴士

1. 香蕉肉必须打成糊状，否则影响色泽。
2. 加温时底火要稍大。

想一想

重油蛋糕有什么特点？

项目 62
玉枕蛋糕

面点小知识

玉枕蛋糕是戚风蛋糕的品种之一，是西饼店常见的蛋糕品种。

前置作业

复习蛋糕的疏松原理。

加温方法

烘焙。

风味特点

色泽金黄，松软起发，富有弹性，口感细滑，蛋香味浓郁。

原料

沙拉油 250 克、低筋面粉 550 克、泡打粉 5 克、塔塔粉 10 克、蛋清 900 克、蛋黄 400 克、白糖 650 克、清水 400 克、粟粉 75 克、盐 4 克、杏片适量。

工艺流程

准备工作 > 蛋黄面糊制作 > 造型 > 加温 > 成品

制作工艺

1. 制作蛋黄面糊：
（1）把 150 克白糖与清水、沙拉油混合，搅拌至白糖溶解。
（2）加入低筋面粉、粟粉、泡打粉，搅拌均匀至纯滑。
（3）加入蛋黄搅拌至面糊纯滑光亮，备用。
2. 打蛋泡：将蛋清与 500 克白糖、塔塔粉、食盐混合，先慢后快搅拌，起发比原来多 4 倍以上，成蛋泡。
3. 蛋黄面糊与蛋泡混合：
（1）分次将蛋泡与蛋黄面糊混合搅拌均匀。
（2）将拌好的面糊倒入模具内，八分满即可。
（3）将面糊抹平，表面用手指画出一条线，并撒上杏片。
4. 加温：
（1）以面火 200℃、底火 180℃的温度烘烤约 40 分钟。
（2）出炉后将模具倒扣，待冷却后脱模即可。

小贴士

1. 蛋黄面糊与蛋泡混合后搅拌均匀即可，不宜搅拌过度。
2. 模具不能有油。
3. 出炉后必须倒扣，放至冷却。

想一想

1. 玉枕蛋糕成品出现过度收缩的原因是什么？
2. 您所知道的蛋糕种类有哪些？

模块三

传统节日点心

项目 63
广式月饼

面点小知识

广式月饼盛行于广东、广西、海南、港澳等地区，近年来已经遍及全国和世界各地。其主要特点就是选料上乘、精工细作、花纹图案清晰、皮薄馅丰、色泽金黄、味美香醇。从饼皮上可以将广式月饼分为三种：糖浆皮月饼、拿酥皮月饼和冰皮粉月饼。广式月饼绝大部分都是用糖浆皮制作的。

前置作业

中秋月饼的馅料有什么配料？

加温方法

烘焙。

风味特点

色泽金黄，油润光亮，饼形，花纹浮凸清晰，馅味清甜，皮软韧不黏牙。

原料

1. 月饼糖浆：白糖 50 千克、清水 20 千克、柠檬酸 30 克、白葡萄糖浆 2.5 千克。

2. 月饼皮：月饼糖浆 500 克、低筋面粉 700 克、枧水 10~15 克、生油 150 克。

3. 月饼馅：莲蓉馅适量。

4. 扫面蛋液：蛋黄 400 克（500 克的净蛋液去掉 100 克的蛋清）、生油 25 克。

工艺流程

熬制糖浆 > 调制面皮 > 包制造型 > 烘烤加温 > 成品

制作工艺

1. 熬制糖浆：将锅里的水烧至沸腾，下白糖，煮至糖溶，用中火熬至起大泡后改用中下火，下柠檬酸和白葡萄糖浆，再用慢火炼至糖浆温度为110℃或由原来的72.5千克熬炼至65.5千克，再用笊斗过滤便可。冷却待用。

2. 制皮：将糖浆和枧水放在搅拌机内拌至均匀，加入生油拌匀，最后加入面粉用慢速搅拌均匀，静置后便可使用。

3. 出体：将搓圆的条子分成大小一致的坯子。将月饼皮面坯分成每个35克的坯子待用。

4. 压皮：用掌心在案板上把坯子压成薄的圆件形。

5. 上馅：也叫包馅，月饼皮包入152克莲蓉馅成圆球形，收口向上。

6. 成形：将已包馅的坯体放在已拍粉的月饼模上，均匀用力压出花纹，再在案板上敲出，放在已扫油的烤盘上。

7. 喷水：月饼烘烤前要先喷水，更有利于制品的成熟和保持花纹清晰。

8. 前期烘烤：月饼喷水后便可入炉用200℃~210℃的炉温烘烤至呈浅金黄色，使表面花纹定型。

9. 扫蛋液：用蛋扫均匀地在月饼面涂上一层准备好的蛋液。

10. 加温：把涂蛋液后的月饼再放入烤炉，烤至呈大金黄色即可。

小贴士

1. 熬制糖浆：①在熬制糖浆时要掌握火候，使糖浆的浓度符合月饼的制作要求，防止糖浆过稀或过稠，影响月饼的油润度和光亮性；②柠檬酸和葡萄糖浆的量要合适，否则会影响糖浆的转化，导致月饼成品出现"回油"；③熬制好的糖浆一般要放置一周后才适宜使用，以保证月饼的质量。

2. 制月饼皮：①掌握枧水的用量，根据糖浆的酸度加入枧水，保证酸碱度达到平衡，成品才有鲜艳油润的色泽和玲珑浮凸的花纹；②月饼皮的软硬度要合适。

3. 包制造型：①压皮时要做到厚薄均匀，并防止包制过程中底部露馅；②入馅后应用左手虎口收拢饼皮，使包馅正中，收口捏实；③压饼模时要用力均匀，使饼面的花纹清晰，敲饼时要防止饼身变形。

4. 加温成熟：①必须先喷水加温至表面呈浅金黄色，再扫蛋液烘烤；②掌握烘烤月饼的炉温和烘烤时间，防止不熟或过火，会影响成品的保质期和色泽。

想一想

如何掌握月饼的加温火候？成品花纹不清晰的原因是什么？

项目 64
裹蒸粽

面点小知识

　　肇庆裹蒸粽的历史源远流长。裹蒸粽蕴涵着一则动人心弦的爱情传说——古时候，端州有一对青年男女，女的叫阿青，男的叫阿果，他们情深意笃。但阿青的父母认为阿果只是一介穷书生，无财无势，不允许女儿和他相爱。为此，阿果立志发奋图强。这一年大考，他打点行李赶赴京城。清晨，阿青赶到，为阿果送上连夜用冬叶包裹的糯米绿豆饭团，叮嘱他一路珍重，勿忘彼此情意。阿果高中状元，皇帝欲招其为驸马，阿果不从。皇帝怒而囚之。阿果每日抚饭团而泣，公主奇之，阿果曰："糟糠尚不弃，何况饭团乎？"公主大为感动，遂放阿果归乡。阿果和阿青终成眷属。后人发现用冬叶包着糯米、绿豆、猪肉等材料做成的饭团味道甘香可口，遂纷纷效仿，及至后来，更成了端州年关时家家必备之物。裹蒸者，"果青"也。

前置作业

裹蒸粽是用什么米制作的？

加温方法

焓。

风味特点

方块形，米质软糯，蛋黄甘香，绿豆香浓，肉松化。

原料

1. 糯米 500 克，绿豆 500 克，咸蛋黄、五花肉、干莲子、香菇、粽叶、生油、精盐、五香粉、酱油适量。

2. 粽叶（正宗肇庆裹蒸粽是用冬叶，其他裹蒸粽用荷叶或竹叶）和水草适量。

工艺流程

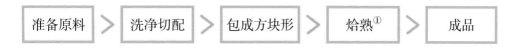

制作工艺

1. 将粽叶、水草用开水泡软洗净，沥干备用。

2. 将用适量盐捞拌过的糯米、去衣绿豆、干莲子洗净，泡 1 小时，晾干备用。

3. 将五花肉切块，用五香粉拌匀。

4. 将香菇洗净，用清水浸透备用。

5. 取 1 张荷叶，上面铺 4 张竹叶，舀 4 大匙的米，2 大匙泡好沥干的绿豆仁、一块五花肉、2~3 朵香菇，1 个咸蛋黄，再舀上 2 大匙绿豆仁，最后再铺上 4 大匙的米，然后包起来用水草绑好。

6. 放入铜锅或不锈钢锅中，煮 4 小时后收火，再焗 1 小时即可离锅。

小贴士

1. 各种原料要洗净、浸透、晾干备用。

2. 包裹半成品时要用力均匀，用水草裹紧，以防裹蒸粽散烂。

3. 水煮开后将粽下锅，中途加水要加开水，保持水量浸过粽面。要一次煮熟。

想一想

1. 煮制裹蒸粽时为什么要再焗 1 个小时？

2. 成品米质过于软烂的原因是什么？

---

① 焓熟，即用沸水煮熟。

项目 65
龙江煎堆

面点小知识

龙江煎堆是顺德龙江镇的特色食品，呈球形（寓团圆之意，有"碌得起"的吉祥意蕴），正所谓"煎堆辘辘，金银满屋"，即富有、富足、圆满的意思。

前置作业

说说炸的概念。

加温方法

炸。

风味特点

形圆整，金黄色，芝麻分布均匀，皮脆馅甜。

原料

1. 面皮：糯米粉 500 克、白糖 100 克、清水 300 克。

2. 龙江煎堆馅：爆谷花 500 克、红糖 700 克、饴糖 100 克、清水 200 克、花生仁 100 克、芝麻仁 100 克、植物油适量。

工艺流程

煮糍揉成粉团 > 熬糖胶制馅 > 包馅搓成圆形 > 炸熟 > 成品

制作工艺

1. 将 150 克糯米粉用 100 克清水和成粉团，放入沸水中煮熟，然后加入 350 克生糯米粉、100 克白糖，搓成糯米粉团，得制皮材料。

2. 将红糖、饴糖加入清水煮熬成糖胶，端离火位，加入爆谷花、花生仁拌匀成馅，并趁热按成小团。

3. 取 55 克皮料，包入 750 克馅料，搓成圆形，粘上一层芝麻，即成煎堆生坯。

4. 锅内加植物油烧至六七成热，放入生坯，炸至呈金黄色膨起、呈圆形至熟即可。

小贴示

1. 烫粉团坯：糯米粉团属半烫面，煮粉团时要煮透，熟粉团与生糯米粉的比例一般为 3 ∶ 7。

2. 包制造型：大小根据所需而定，但皮一定要薄，包馅后搓匀。

3. 加温成熟：油炸以温油膨起为宜，以免火急炸过。

想一想

1. 制作煎堆皮时要注意什么问题？

2. 成品颜色过深的原因是什么？

项目 66
广东年糕

面点小知识

年糕又称"年年糕"，与"年年高"谐音，寓意人们的工作和生活一年比一年有所提高。

前置作业

用糯米粉制作的糕品有什么特性？

加温方法

蒸。

风味特点

色泽金黄或棕红，方块形，口感软韧带滑，不黏牙，清甜。

原料

糯米粉1500克、澄面500克、猪油200克、红糖1000克、白糖500克、清水约1500克、花生油少许。

工艺流程

| 两粉混合 | > | 煮糖油水 | > | 倒入粉中搅拌 | > | 下盘蒸熟 | > | 成品 |

制作工艺

1. 把糯米粉、澄面过筛，放在搅拌机内混合均匀。
2. 把猪油 200 克、红糖 1 000 克、白糖 500 克、清水约 1 500 克煮至糖溶及沸腾。
3. 趁热倒入搅拌机内，用慢档搅拌均匀至纯滑成为糕浆。
4. 糕浆倒入已扫油的糕盘内，上炉用中火蒸熟。

小贴士

1. 烫糕浆：
（1）在烫制糕浆时要掌握好水温和水量。
（2）注入糖水时必须是沸水，并且白糖和红糖均要完全溶解。
（3）糕浆要搅拌至均匀纯滑，绝对不能生粒结块。
2. 下盘：
（1）必须在糕盘内扫油后才倒入糕浆。
（2）保持糕面平整。
3. 蒸熟：
（1）必须水开时才放坯体进去加温，用中火蒸熟。
（2）要保证加温时间，一般蒸 90 分钟以上。

想一想

1. 广东年糕的品质要求怎样？
2. 加温时要注意什么问题？

模块四

时尚筵席点心

项目 67
像生妃子笑

面点小知识

"一骑红尘妃子笑，无人知是荔枝来。"荔枝是岭南佳果，古今闻名。像生妃子笑是根据荔枝的形状、色泽，巧用烹饪材料制作出来的栩栩如生的点心，是广州的面点师傅研制出来的，并在2006年第十六届中国厨师节"全国烹饪技能（创新菜点）竞赛"中获金奖。

前置作业

制作荔枝皮的原料是什么？

加温方法

煮。

风味特点

口感软韧带滑，不黏牙，清甜，象形。

原料

1. 荔枝壳：白色巧克力 450 克、红曲米天然色素 0.5 克、巧克力粉适量。
2. 荔枝肉：水晶果冻粉 35 克、纯牛奶 100 克、荔枝肉 200 克、清水 200 克。

工艺流程

制作工艺

1. 将白色巧克力加入红曲米色素，调成荔枝壳色备用。
2. 将少许巧克力粉抹到荔枝壳模板中，然后均匀注入白色巧克力浆，冷冻后脱去模板即成荔枝壳。
3. 将新鲜荔枝肉打烂，过筛，加入清水煮沸；水晶果冻粉用纯牛奶开成浆，慢慢倒入煮沸的液体中，边倒边搅拌，烫熟后自然晾至微凉，便倒进模具中冷却。
4. 将荔枝肉取出，放进荔枝壳中便成。

小贴士

1. 要根据荔枝壳的自然色泽调制好巧克力的颜色。
2. 掌握好制作时的温度。
3. 皮浆要搅拌至均匀纯滑，绝对不能生粒结块。

想一想

1. 像生妃子笑的品质有何要求？
2. 制作像生妃子笑时要注意什么问题？

项目 68
竹筒鳕鱼酥

面点小知识

竹筒鳕鱼酥利用层酥松酥香脆的皮质，包入鳕鱼肉熟馅，两者的结合可谓"天衣无缝"。该品种是广州的点心师傅研发的新品种之一，并在 2006 年第十六届中国厨师节"全国烹饪技能（创新菜点）竞赛"中获金奖。

前置作业

层酥的起发原理是什么？

加温方法

炸。

风味特点

皮薄馅鲜，酥香可口，象形。

原料

1. 水皮：低筋面粉 1 000 克、白糖 80 克、鸡蛋 2 个、清水适量、黄奶油 150 克。

2. 油心：低筋面粉 1 000 克、起酥油 1 200 克。

3. 熟馅：鳕鱼肉 300 克，去皮马蹄 100 克，芹菜 100 克，粟粉 50 克，黑椒汁、糖、盐、味精、食粉、鱼子适量。

工艺流程

| 调制皮料 | > | 开酥造型 | > | 烘烤至熟透 | > | 冷却入馅 | > | 成品 |

制作工艺

1. 将水皮所需的各原料充分搅拌均匀，制成纯滑的面团。

2. 将低筋面粉和起酥油搓成油心，冷却备用。

3. 用水皮包油心开三次三折，叠起三层成酥皮，冷却备用。

4. 用利刀把酥皮切成片状，用圆棍卷起，装底定型，经炸制后脱棍成竹筒。

5. 将鳕鱼肉处理干净，扣稔后切成粒状；将马蹄、芹菜切成幼粒并飞水；再将鳄鱼肉粒加入黑椒汁，经爆炒后加入马蹄粒和芹菜粒，调味打芡下包尾油即成鳄鱼馅。

6. 将鳕鱼馅放入竹筒酥内，表面装饰鱼子即成。

小贴士

1. 搓制水皮和油心要掌握软硬度。

2. 开酥时用力要均匀，厚薄要一致，不能开混酥。

3. 鳕鱼肉要先腌制，使肉质嫩滑。

4. 加温时注意火候的控制。

想一想

1. 开混酥后成品会怎样？

2. 炸制半成品应使用什么油温？

项目 69
象形玫瑰酥

面点小知识

象形玫瑰酥通过对传统明酥进行改良，采用错位切开，生动地呈现出了玫瑰花的形状。该品种是资深的广州面点师傅经反复研制而成的象形点心，在 2005 年的世界中国菜烹饪大赛中获得银奖。

前置作业

制作象形玫瑰酥应用什么加温方法？

加温方法

炸。

风味特点

色泽浅金黄，形似开放的玫瑰花，馅味清甜。

原料

1. 水皮：中筋面粉 500 克、猪油 100 克、清水 200 克。

2．油心：中筋面粉 500 克、猪油 250 克。

3．馅心：莲蓉馅。

工艺流程

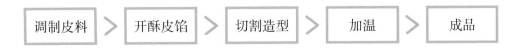

| 调制皮料 | > | 开酥皮馅 | > | 切割造型 | > | 加温 | > | 成品 |

制作工艺

1．搓面：

（1）水皮：将中筋面粉过筛后开窝，加入猪油和清水搓成纯滑的面皮，静置松弛筋度。

（2）油心：将中筋面粉和猪油搓擦成纯滑不松散、不黏手的面团。

2．开酥：把静置松软的面皮包入油心，用开中酥的方法开 3 个三折。

3．开件：把开酥后的面皮压薄至约 0.4 厘米，用模具钣出直径约 5 厘米的圆件 10 件，再开薄至约 0.3 厘米，用模具钣出直径约 4 厘米的圆件 10 件，再开薄至约 0.2 厘米，用模具钣出直径约 2 厘米的圆件 10 件。

4．锣花瓣：在大、中的圆件上，以中心为圆点向边分别三刀，每刀的间距要均匀，且不要把边皮切开，留约 0.5 厘米的边皮。

5．成形：取小圆件包上莲蓉馅，依次包上中及大的圆件，并把切好的花瓣错位放置，包至严密，制成玫瑰花坯。

6．成熟：把造型后的玫瑰花坯排放在炸板上，用约 130℃的油温将其炸到花瓣自然开放，呈金黄色并成熟。

小贴士

1．水皮和油心的硬度要适合，水皮稍软。

2．锣花瓣的刀要锋利，花瓣间不能有粘连，造型时的错位叠放要掌握好，否则会开放得不自然。

3．保持中低油温加温，色泽以呈浅金黄色为宜，包馅后的坯体底要薄，否则难炸熟。

想一想

1．如何掌握玫瑰花的造型和加温？

2．成品花纹层次不清晰的原因是什么？

项目 70
燕窝木瓜果

面点小知识

燕窝木瓜果主要是靠捏制手法而成形的面点，成品色泽金黄，象形，能够透出馅心，故名"燕窝木瓜果"。该品种在 2004 年第五届中国烹饪世界大赛中获得一等奖。

前置作业

燕窝木瓜果为什么用澄面制皮？

加温方法

炸。

风味特点

色泽金黄、鲜艳，形像木瓜，馅心清甜，质地外松脆。规格一般控制在每只 35 克。

原料

澄面 500 克，熟蛋黄 17.5 克，白糖 10 克，牛油、面包糠、燕窝木瓜馅适量。

工艺流程

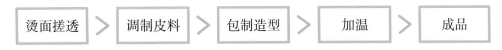

燙面搓透 > 调制皮料 > 包制造型 > 加温 > 成品

制作工艺

1. 将澄面过筛后放在容器内，将粉拨到容器的一边，把清水煮沸，趁热倒入容器内，用擀面杖搅拌均匀，把澄面燙熟。

2. 把燙熟的面团倒在案板上，迅速搓至纯滑不生粒便成熟澄面团。

3. 将熟澄面团切粒，与熟蛋黄搓均匀，加入白糖搓至完全溶解，最后加入牛油折叠均匀。

4. 皮 25 克，馅 10 克，呈木瓜形，沾上面包糠。

5. 用 140℃~160℃的油温炸至呈金黄色即可。

小贴士

1. 燙面坯：

（1）在燙制熟澄面时水温和水量要掌握好。就是说熟澄面团的软硬度要掌握好，相对来说其皮比虾饺皮要软一点。

（2）注入水分时必须是沸水，水温不够会导致燙皮不熟，出现黏手的现象，影响成品的品质。

2. 制皮：

（1）选用质量好的熟蛋黄。

（2）白糖溶解后才能加入牛油。

3. 包制造型：

（1）压皮不宜过薄，以防包制造型过程中露馅。

（2）入馅后应用左手虎口收拢，使包馅正中，收口捏实，形似木瓜。

4. 加温成熟：

（1）控制好油温，否则容易爆裂。

（2）炸的时间不宜过长。

想一想

如何掌握燕窝木瓜果的火候？成品爆裂的原因是什么？

项目 71
海蚌酥

面点小知识

海蚌酥是主要通过手工制作而成形的酥类面点，采用烘烤的加温方法，成品呈浅金黄色，层次分明清晰，形神俱备。该品种在 2004 年第五届中国烹饪世界大赛中获得银奖。

前置作业

烘烤酥类品种一般用什么炉温？

加温方法

烘烤。

风味特点

浅金黄色，层次分明清晰，蚌形，馅味鲜香，皮松化。规格一般控制在每只40 克。

原料

1. 面皮：中筋面粉 500 克、牛油（或板油）350 克、白糖 25 克、净鸡蛋

50 克、清水 125 克。

2．海蚌酥馅：澳洲带子、蒜蓉、调味料适量。

工艺流程

调制皮料 > 开酥开件 > 包制造型 > 加温 > 成品

制作工艺

1．将面粉筛过，先取 250 克面粉和牛油（板油）300 克拌匀，即成为油酥。

2．再将面粉 250 克放在案板上，开成窝形，加入白糖、鸡蛋、清水拌匀，加入牛油（或板油）50 克，搓至起筋且质感纯滑即为水皮。将油酥和水皮置于特制的铁箱里各放一边，并连箱一起放到冰箱里把酥皮冻硬。

3．将冻结的油酥、水皮取出分别擀成长日字形，用水皮把油酥包紧，擀成厚 1 厘米、呈长日字形的酥皮，将两端向中间折入，折成四折，拿到冰箱里冷冻后，再擀成长日字形、折叠成四折（即第二次四折）便成。再放入冰箱冷冻备用。

4．将带子切成小粒，加入蒜蓉、调味料炒成熟馅。

5．皮擀开，厚度 0.3 厘米，扫上一层薄水，从宽边卷起成圆筒形，捏实收口，入冰箱冷冻。切成 0.3 厘米厚度、每个 20 克的坯子待用。

6．用掌心把案板上的坯子压薄，再用擀面杖做出中间稍厚、直径约 0.7 厘米的圆件形。

7．上馅，把开好的酥皮包入带子熟馅。

8．将已包馅成蚌形的半成品放进烤盘。

9．将烤箱加热到中上火，放入烤箱烤熟。

小贴士

1．揉制面坯：①在制作水皮时水量要掌握好，也就是说面团的软硬度要掌握好；②水皮和油酥的软硬度要相适应，软硬不合适会影响成品的品质。

2．制酥皮：①包酥的手法；②开酥的过程；③开酥时酥皮冰冻的程度。

3．包制造型：①压要做到中间稍厚而边上薄且均匀，防止包制过程中露馅；②入馅后应用手轻压成蚌形，使包馅正中，收口捏实。

4．加温成熟：烤箱必须达到一定温度才放坯体进去加温，以中上火烤熟。

想一想

1．如何掌握海蚌酥的加温火候？

2．成品层次不清晰的原因是什么？

项目 72
鲜果沙律酥

面点小知识

鲜果沙律酥是通过自制模具成形的面点，成品呈菱形，富含各种水果中的维生素及营养素，酸甜可口，故得名。该品种在 2010 年广东省职业技能大赛总决赛中获得第一名。

前置作业

开酥要注意什么问题？

加温方法

烘焙。

风味特点

酥色泽浅黄，馅色泽鲜明，别具一格的菱形酥营养丰富，外酥内爽，风味独特。规格一般为每只 40 克。

原料

1. 面皮：低筋面粉 950 克、高筋面粉 50 克、南乔起酥油 350 克、白糖 50克、鸡蛋 1 个、白牛油 500 克。

2. 鲜果沙律酥馅：哈密瓜、苹果、奇异果、火龙果、西红柿、红加仑、卡夫沙律酱适量。

工艺流程

| 调制面皮 | > | 开酥造型 | > | 加温 | > | 冷却入馅 | > | 成品 |

制作工艺

1. 水皮：将低筋面粉、高筋面粉、南乔起酥油、白糖、鸡蛋按掰酥比例加水搓匀，制成水皮备用。

2. 油心：低筋面粉、白牛油、南乔起酥油按掰酥比例搓均匀，制成油心备用。

3. 开酥：用油心包水皮在案板上开为两个四成，一个三成的酥皮面坯，放入冰箱内（温度在 5℃左右最佳）冻 15~20 分钟。

4. 成形：把冻好的酥拿出，用刀切成约 0.2 厘米厚的酥片，卷在菱形不锈钢管上，压紧接口，收口朝下放入烤盘内排好。

5. 成熟：在上火温度 180℃、下火温度 160℃的烤炉里烤到酥呈浅黄色，取出晾凉待用。

6. 拌馅：把哈密瓜、苹果、奇异果、火龙果、西红柿、红加仑切粒，用干净的吸水纸吸干水分，用卡夫沙律酱拌匀待用。

7. 装馅：将晾凉的菱形酥从不锈钢管上取出，放入容器内，底部放入薄饼片，把水果馅酿入，用勺子抹平，放上一个红加仑点缀即可。

小贴士

1. 酥面坯：在开酥前要掌握好油心的软硬度是否和水皮的软硬度一致。因油心过硬会使开酥时出现裂开的现象，油心太软，开酥时不好成形。

2. 包制造型：①水果粒拌沙律酱时一定要先吸干水分，因为水果水分比较多，容易渗出，影响水果馅的质量；②烤酥前要先检查收口是否捏实，防止酥皮在烤的过程中松开。

3. 加温成熟：烤炉的上下火温度要调好，烤的时间要控制好，成品着色不宜太深。

想一想

如何掌握"菱形酥"的开酥方法？馅料水分渗出的原因是什么？

项目 **73**

象形沙皮狗

面点小知识

象形沙皮狗主要是通过手工制作而成形的面点，成品形似可爱的沙皮狗，生动活泼，故得名。该品种在 2010 年广东省职业技能大赛总决赛中获得第一名。

前置作业

如何才能使面皮柔软而又有一定黏性和弹性？

加温方法

蒸。

风味特点

色泽较白，形似沙皮狗，生动活泼，馅味鲜美、多汁，皮爽而不黏牙。规格一般为每只 30 克。

原料

1. 面皮：高筋面粉 450 克、低筋面粉 50 克、澄面 25 克。
2. 象形沙皮狗馅：瘦肉 500 克，肥肉 100 克，虾仁 100 克，黑松露菌适量，黄牛肝菌适量，红萝卜、去皮马蹄、香菜、葱少许，盐、味精、浓缩鸡汁适量。
3. 巧克力果酱。

工艺流程

调制馅料、皮料 > 开酥开件 > 包制造型 > 加温 > 成品

制作工艺

1．把原料 2，即象形沙皮狗馅拌成生咸馅备用。

2．烫面：将高筋面粉、低筋面粉和澄面过筛后放在案板上，开窝备用，取一小部分面粉装入容器内，把清水煮沸，趁热倒入容器内，用擀面杖搅拌均匀，把面团烫熟。

3．搓面：把烫熟的面团倒在案板上的面粉窝内，加水迅速与面粉擦搓至纯滑不生粒，便成烫面团。

4．搓条：用面刮板把面团切成长块状，然后用双手掌心将面搓成粗细均匀的圆形长条状。其基本要求是条圆、光滑、粗细一致。

5．下剂：俗称"出体"，就是将搓圆的条子分成大小一致的坯子。将面坯分成每个 18 克的坯子待用。

6．开皮：用掌心在案板上把坯子压成边薄中间厚的圆形面片，再用擀面杖开至直径约 8 厘米的圆形件。

7．上馅：把面皮包入生咸馅成长条形，再两头向中间推出沙皮狗的皱纹，收口向下。

8．成形：将一面皮开薄，用刀裁出沙皮狗的耳朵和尾巴，用蛋白把耳朵和尾巴分别粘到已经做好的"身体"上，放在已扫油的不锈钢多孔板上，用蛋白粘上切好的"嘴巴"（红萝卜）。

9．加温：将水烧开后放入蒸柜蒸熟，取出后用巧克力果酱挤上"眼睛"，摆于碟子上即可。

小贴士

1．烫面坯：①在烫制熟面团时要掌握好水温和水量，即熟面团的软硬度要掌握好；②注入水分时必须是沸水，水温不够会导致烫皮不熟，出现黏手的现象，而且影响成品的质量。面团加入一小块熟面团可使成品皮爽口、不黏牙。

2．包制造型：①开皮要做到厚度基本均匀一致；②入馅后应用左手虎口收拢面皮，使包馅正中，收口捏实。

3．加温：①必须等水沸时才放坯体进去加温，以中上火蒸至刚刚熟即可；②不可过火，否则面皮会蒸烂，影响外形。

想一想

如何掌握象形沙皮狗的加温火候？成品塌陷的原因是什么？

项目 74
象形芒果酥

面点小知识

象形芒果酥是对传统明酥进行改良而来的，采用剪的造型方法，生动地表现出芒果的形态。该品种在 2010 年广东省"省长杯"职业技能大赛中获操作技能第一名。

前置作业

明酥制作还可变化出什么品种？

加温方法

炸。

风味特点

色泽浅金黄，形像芒果，馅味清甜。

原料

1. 水皮：中筋面粉 500 克、猪油 100 克、清水 200 克。
2. 油心：中筋面粉 500 克、猪油 250 克。
3. 馅心：奶黄馅。

工艺流程

面团制作 ＞ 馅料制作 ＞ 造型 ＞ 加温 ＞ 成品

制作工艺

1. 搓面：

（1）水皮：将中筋面粉过筛后开窝，加入猪油和清水搓成纯滑的水皮面团，静置松弛筋度。

（2）油心：把中筋面粉和猪油搓成纯滑不松散、不黏手的面团。

2. 开酥：把静置松软的面皮包入油心，用开酥的方法开 3 个四折。开薄成 0.3 厘米厚的面皮，扫水，切成宽约 7 厘米的长条状，7~8 块叠放成砖状，包好放入冰柜冷冻至硬身。

3. 造型：用利刀将冻好的面皮切成厚约 0.2 厘米的薄片，一面扫上蛋清，中间包馅，将两块有蛋清的面皮对叠，用剪刀剪出芒果的形状。

4. 成熟：把造型后的芒果酥坯排放在炸板上，用约 130℃ 的油温炸到层次自然开放，呈金黄色并成熟。

小贴士

1. 水皮和油心的软硬度要适合，水皮稍软。
2. 切件的刀要锋利，否则影响层次。
3. 保持中低油温加温，色泽以浅金黄色为宜。

想一想

1. 如何掌握芒果酥的造型和加温？
2. 成品花纹不清晰的原因是什么？

项目 75
羊奶脆布丁

面点小知识

羊奶脆布丁是中西结合的创新点心。这款美味点心为世界烹饪大赛而研制，它在布丁的基础上，体现出奇特的构思，工艺与名字都巧夺天工，深得评委赞美而夺特等金奖。其关键是掌握原料的分量和制作方法。

前置作业

羊奶脆布丁的加温方法是怎样的？

加温方法

炸。

风味特点

皮脆馅滑，色泽金黄，皮薄馅多，款式新颖。

原料

鱼胶粉 50 克、鲜羊奶 500 克、清水 500 克、冰糖 150 克、油皮 20 件。

工艺流程

馅料制作 ＞ 改件 ＞ 炸皮 ＞ 入馅 ＞ 成品

制作工艺

1. 把鱼胶粉、清水开匀，加入冰糖，用慢火煮，边煮边搅拌，至水沸，加入羊奶同煮，至稍沸即离火，晾凉冷藏即成冻羊奶布丁，备用。

2. 将油皮改成约 8 厘米 ×8 厘米的方件形，每件对折，4~5 件叠在一起用锋利桑刀斜切，注意只切至立面八成深，不要切断。

3. 把切好后的油皮每两块一起卷进一个特制的不锈钢小圆管内，用蛋清粘口（钢筒要比面皮稍长），用若干个特制三角移动钢叉钩着钢管两端，放入 150℃油温的油中炸约 1 分钟后，稍加大油温起锅，稍微放凉后将脆皮脱离钢管。

4. 用一个口磨得锋利的钢管插入冻羊奶布丁内，用小圆木棍将其强顶入脆皮筒心，注意小圆木棍要比钢管稍小。

小贴士

1. 控制好水分的使用。
2. 注意做好卫生工作。
3. 入馅适中。

想一想

1. 怎样掌握馅的用水量？
2. 炸制时用什么火候加温为宜？

项目 76
象形刺猬包

面点小知识

象形刺猬包在制作时采用微生物发酵疏松的面皮，即利用酵母菌在糖类作为养料的情况下进行发酵繁殖，例如小酵发面皮，在繁殖的过程中，酵母菌能放出大量的二氧化碳气体在面团之内，使面团浮松，形成疏松多孔的结构，加温时气体受热膨胀，淀粉质糊化定型，使面包内形成细密均匀的空洞，达到疏松的效果。同时利用剪刀进行加工，剪出刺猬的外形，以黑芝麻点上"眼睛"，其形态逼真，品质松软可口。

前置作业

掌握刺猬包的造型方法。

加温方法

蒸。

风味特点

包皮洁白，绵软有弹性，刺针尖且均匀、清晰，不爆口，馅心嫩滑湿润，味鲜香有汁。

原料

小酵皮 300 克（小酵皮原料为低筋面粉 1000 克、干酵母 10 克、白糖 100 克、发酵粉 15 克、清水 450 克）、莲蓉馅 150 克、黑芝麻或可可粉适量。

工艺流程

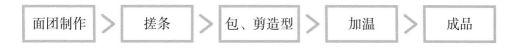

面团制作 ＞ 搓条 ＞ 包、剪造型 ＞ 加温 ＞ 成品

制作工艺

1. 先将面粉、发酵粉一同过筛，放在案台上拨成环形面窝。

2. 将干酵母、清水、白糖放在面窝中，搓溶白糖，再与面粉、发酵粉拌匀搓成面团。将面团放到压面机滚筒上过压，反复过压，压至面团表面光滑便成为小酵皮。

3. 将小酵皮搓至纯滑，分坯 20 粒，每粒重 15 克，包入莲蓉馅 7.5 克成圆球形，然后用双手的手掌夹成鹅蛋形。

4. 用左手的拇指和食指捏紧一头，右手拿剪刀，有规则地从头往尾部剪刺针，最后松开左手的食指和拇指，用剪刀剪口便成生坯。

5. 把生坯放入蒸笼，喷上一层薄清水，松身发酵合度后，用中上火蒸熟。

6. 用黑芝麻或可可粉点上"眼睛"使成。

小贴士

1. 水的分量要准确，面皮的软硬度要合适。
2. 掌握好发酵时间。时间短，起发不好；时间长，会变酸和下塌。
3. 掌握好加温火候。

想一想

发酵时间过长成品会怎样？

项目 77
麻香足球包

面点小知识

麻香足球包是小酵发面皮的创新品种，主要在造型上制作为足球的外形，让人有耳目一新的感觉，包皮松软可口，造型美观。

前置作业

包的馅料有什么配料?

加温方法

蒸。

风味特点

形似足球，包身色泽洁白，起发自然，松软而富有弹性，味清香甜。

原料

低筋面粉 1 000 克、干酵母 10 克、白糖 100 克、发酵粉 15 克、清水（天冷宜用温水，温度为 25℃~30℃）450 克、麻蓉馅和巧克力浆适量。

工艺流程

面团制作 > 馅料制作 > 包制造型 > 加温 > 成品

制作工艺

1. 先将面粉、发酵粉一同过筛，放在案台上拨成环形面窝。

2. 将干酵母、清水、白糖放在面窝中，搓溶白糖，再与面粉、发酵粉拌匀揉成面团。将面团放到压面机滚筒上过压，反复过压，压至面团表面光滑便成为面皮。

3. 将面皮分体，包入麻蓉馅成圆球形，分放在蒸笼内已扫薄油的不锈钢多孔蒸笼底板上，加盖静置 15~20 分钟，待包坯蓬松胀大时，用中上火蒸熟（约蒸 8 分钟）。

4. 稍冷却后用模型盖上六角形的巧克力浆，再用巧克力浆拉上连线便成为麻香足球包。

小贴士

1. 包皮软硬要适中。

2. 醒发温度、湿度要恰当，醒发合度即要进行加温，否则包坯会下塌，成品收身起泡。

3. 包馅正中。

想一想

麻香足球包为什么会爆口或收身？

项目 78
象形白玫瑰

面点小知识

　　象形白玫瑰是广东厨点师代表队参加全国第二届烹饪大赛并获得金牌的作品。它不仅形象逼真、可食可赏，其工艺也不复杂，全靠自身天然色泽协调取胜，且在装盘衬托上，色调和谐，花朵给人一种纯洁、清爽、亮丽的感觉。该款点心所采用的发面皮要求兑碱准确、造型逼真，才能够达到理想的品质要求。

前置作业

制作象形白玫瑰使用了什么疏松方法？

加温方法

蒸。

风味特点

包皮洁白，绵软有弹性，花纹均匀、清晰、细致，不爆口，馅心香甜。

原料

叉烧包发面皮 500 克，熟澄面 60 克，枧水微量，白莲蓉、豆沙、绿茶粉（或菠菜汁）适量。

工艺流程

面团制作 > 包制造型 > 静置发酵 > 加温 > 成品

制作工艺

1. 把制好的叉烧包皮 500 克加入凉的熟澄面 60 克，加入少量枧水，再搓匀稍放置。

2. 把面团皮分好，每朵花的花瓣由 5 件面皮组成，每件 7.5 克。花心包馅，皮 10 克，包上 10 克馅，制成花蕾状。

3. 分别用每件约 7.5 克面团小块，用掌心和指头压成花瓣形，用蛋清粘在花蕾边上，呈玫瑰花状。

4. 稍静置，用猛火蒸 3~4 分钟，熟透出笼。

5. 其花叶衬托可用该面团加入少量绿茶粉或菠菜汁制成细叶衬托，一同蒸熟。

小贴士

1. 水的分量要准确，面皮的软硬度要合适。
2. 掌握发酵时间，时间短会导致起发不好，时间长则会变酸和下塌。
3. 掌握加温火候。

想一想

1. 怎样掌握象形白玫瑰的起发程度？
2. 蒸制象形白玫瑰时用什么火候加温为宜？

项目 79
百花饺

面点小知识

制作百花饺皮必须使用沸水进行烫皮，并且注意生粉与澄面的比例；拍皮时要用力均匀，力求皮薄而达到半透明的状态，其手法需多作训练，才能做好百花饺。

前置作业

百花饺主要用什么粉进行制皮？

加温方法

蒸。

风味特点

包皮洁白、有光泽，花瓣均匀、清晰，成品不爆口，馅心嫩滑湿润，味鲜有汁。

原料

1. 面皮：澄面 400 克、生粉 100 克、猪油 15 克、精盐 7.5 克、清水约 750 克。

2．百花饺馅：虾肉（吸水后计）500 克、幼肥肉丝（烫熟）50 克、精盐 6 克、白糖 10 克、味精 5 克、鸡精 5 克、麻油 5 克、胡椒粉 1.5 克、自炼猪油 50 克。

工艺流程

烫粉团 ＞ 馅料制作 ＞ 包制造型 ＞ 加温 ＞ 成品

制作工艺

1．面皮的制作方法：

（1）先将澄面、生粉过筛，加盐后一起放入较易存热的容器（可用不锈钢容器），将沸水（100℃）倒入容器内，迅速用棍棒搅匀，盖上盖子放置约 5 分钟，澄面即被焗成糊化的熟澄面。

（2）取出熟澄面放在案台上，搓至纯滑后加入猪油，再搓匀成百花饺皮。

（3）随即用洁净的湿布将百花饺皮盖好，防止其变干变硬。

2．百花饺馅的制作方法：

（1）将虾肉洗净，用干净的白布吸干水分，用平刀将其压烂或剁烂，肥肉烫熟后吸干水分切成细丝。

（2）把压烂的虾肉放入盆里，加入精盐打至胶状，反复打 2~3 分钟，再把其余的原料、味料放入盆中搅拌，然后加入 50 克猪油拌匀，馅料拌好后放入冷柜速冻 30 分钟，待馅的油脂凝固便可用于百花饺制作。

3．包制造型：百花饺一般用皮重 6 克，馅重 12.5 克（也可根据实际情况灵活掌握）。先用特定的拍皮刀把澄面压成圆形的薄皮，包入馅后分别做成百花饺形状，然后上蒸笼用猛火蒸熟。

小贴士

1．掌握好水分和水温。

2．皮要纯滑不生粒。

3．注意造型手法。

4．要掌握好火候。

想一想

1．怎样掌握百花饺皮的软硬度？

2．蒸制时用什么火候加温为宜？

项目 80
龙珠饺

面点小知识

龙珠饺也是使用虾饺皮进行制作，制作时不但要注意生粉与澄面的比例，更要掌握造型的基本方法，这种手法需多作训练，才能做好龙珠饺。

前置作业

龙珠饺的形状特征怎样？

加温方法

蒸。

风味特点

包皮洁白、有光泽，花瓣均匀、清晰，成品不爆口，馅心嫩滑湿润，味鲜有汁。

原料

1. 面皮：澄面 400 克、生粉 100 克、猪油 15 克、精盐 7.5 克、清水约 750 克。

2. 龙珠饺馅：中等虾肉（吸水后计）500 克、幼肥肉丝（烫熟）50 克、精盐 7.5 克、白糖 10 克、味精 5 克、鸡精 5 克、麻油 5 克、胡椒粉 1.5 克、自炼猪油 50 克。

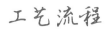

工艺流程

烫粉团 ＞ 馅料制作 ＞ 包制造型 ＞ 加温 ＞ 成品

制作工艺

1. 面皮的制作方法：

（1）先将澄面、生粉过筛，加盐后一起放入较易存热的容器（可用不锈钢容器），将沸水（100℃）倒入容器内，迅速用棍棒搅匀，盖上盖子放置约 5 分钟，澄面即被焗成糊化的熟澄面。

（2）取出熟澄面放在案台上，搓至纯滑后加入猪油，再搓匀成龙珠饺皮。

（3）随即用洁净的湿布将龙珠饺皮盖好，防止其变干变硬。

2. 龙珠饺馅的制作方法：

（1）将虾肉洗净，用干净的白布吸干水分，用平刀压烂或剁烂，肥肉烫熟后吸干水分，并切成细丝。

（2）把压烂的虾肉放入盆里，加入精盐打至胶状，反复打 3 分钟，再把其余的原料、味料放入盆中搅拌，然后加入 50 克猪油拌匀，馅料拌好后放入冷柜速冻 30 分钟，待馅的油脂凝固便可用于龙珠饺制作。

3. 包制造型：龙珠饺一般用皮重 7.5 克，馅重 12.5 克（亦可根据实际情况灵活掌握）。先用特定的拍皮刀把澄面压成圆形的薄皮，包入馅后分别做成龙珠饺形状，然后上蒸笼用猛火蒸熟。

小贴士

1. 掌握好水分和水温。
2. 皮要纯滑不生粒。
3. 注意造型手法。
4. 要掌握好火候。

想一想

1. 怎样掌握拍皮的方法？
2. 怎样掌握造型方法？

参考文献

1. 何世晃. 粤点诗集八十首［M］. 广州：广东高等教育出版社，2010.

2. 黎国雄. 西点制作精选［M］. 广州：广东经济出版社，2004.

3. 黎国雄. 面包制作精选［M］. 广州：广东经济出版社，2004.

4. 徐丽卿，夏世帮. 广式面点教程［M］. 广州：广东经济出版社，2007.

5. 帅焜. 广东点心精选［M］. 广州：广东科技出版社，1991.

MPR 出版物链码使用说明

本书中凡文字下方带有链码图标"══"的地方，均可通过"泛媒关联"App 的扫码功能或"泛媒阅读"App 的"扫一扫"功能，获得对应的多媒体内容。

您可以通过扫描下方的二维码下载"泛媒关联"App、"泛媒阅读"App。

"泛媒关联"App 链码扫描操作步骤:

1. 打升"泛媒关联"App;

2. 将扫码框对准书中的链码扫描，即可播放多媒体内容。

"泛媒阅读"App 链码扫描操作步骤:

1. 打开"泛媒阅读"App;

2. 打开"扫一扫"功能;

3. 扫描书中的链码，即可播放多媒体内容。

扫码体验:

水晶花制作过程 炸蛋球制作过程